Die Mercerisation der Baumwolle und die Appretur der mercerisierten Gewebe.

Von

Paul Gardner,
Technischer Chemiker.

Zweite, völlig umgearbeitete Auflage.

Mit 28 Textfiguren.

Berlin.
Verlag von Julius Springer.
1912.

ISBN-13:978-3-642-89733-7 e-ISBN-13:978-3-642-91590-1
DOI: 10.1007/978-3-642-91590-1

Inhalts-Verzeichnis.

Seite

Einleitung 1

I. Die ersten Patente der Mercerisation.

Die Erfindung Mercers vom Jahre 1844 3
Die ersten Patente zur Herstellung des Kreppartikels 8
Die ersten Patente zum Mercerisieren in gestrecktem Zustande . . . 14
Die Nichtigkeitsentscheidungen über die Patente von Thomas & Prevost, Krefeld 26

II. Die weiteren Patente der Mercerisation vom Jahre 1896 bis Ende 1911.

Patente, die sich auf eine Abänderung des Mercerisierverfahrens beziehen 35
Patente über Garnmercerisierungsmaschinen 46
Patente über Stückmercerisierungsmaschinen 54
Patente über Mercerisieren von Ketten 57
Patente über Mercerisieren von Wirkwaren 58
Patente über Mercerisieren loser Baumwolle und Kardenband . . 69

III. Die Wirkung der Natronlauge auf Baumwolle in physikalischer wie chemischer Beziehung.

Veränderung der Faser beim Mercerisierprozeß 63
Die Schrumpfung beim Mercerisierprozeß 64
Größe der Streckkräfte. Einfluß des Garnes auf den Glanz der mercerisierten Baumwolle 64
Ist der Mercerisierprozeß ein chemischer oder ein physikalischer Vorgang? 69
Farbstoffaufnahme mercerisierter Baumwolle 73
Einfluß von Salzzusätzen 75
Erkennung der mercerisierten Baumwolle 78
Bestimmung des Mercerisierungsgrades 83

IV. Die Ausführung der Mercerisation in der Praxis.

Die beim Mercerisieren zu beachtenden Punkte 87
Das Mercerisieren der Garne 90
Die Rückgewinnung der Natronlauge beim Mercerisieren von Garnen 94

Seite
Bleichen und Färben der Garne 95
Krachendmachen der mercerisierten Garne 98
Garnmercerisierungsmaschinen 100
Das Mercerisieren der Gewebe. 106
Färben der mercerisierten Gewebe 108
Das Mercerisieren von Geweben mit seidenen Effektfäden 109
Das Mercerisieren von Geweben mit farbigen Effekten. 110
Stückmercerisierungsmaschinen 111
Mercerisieren der Ketten 117

V. Die Natronlauge und ihre Rückgewinnung beim Mercerisieren.

Eigenschaften der Natronlauge 118
Herstellung der Natronlauge im Eigenbetriebe 120
Verunreinigung der Natronlauge 123
Auflösen des Natronhydrats. 125
Analytische Bestimmung der Natronlauge 126
Rückgewinnung der Natronlauge 129
Verfahren und Patente, die sich auf das Entlaugen beziehen . . . 131
Patente, die sich auf das Eindampfen der natronlaugehaltigen Spülwässer beziehen 138
Rückgewinnungsapparate 140

VI. Die Appretur mercerisierter Gewebe.

Die Appreturen mittels Riffelkalander 144
Hall- oder Williams-Finish 150
Permanent-Finish 152
Permanent-Finish durch Auftragen von Nitrozellulose 155
Permanent-Finish durch Auftragen von Albumin 161
Permanent-Finish neuerer Art, Adler-Finish, Radium-Finish . . . 167
Permanent-Finish durch Auftragen von Kautschuk, Gelatine, Seife usw. 182
Sonstige Appreturen 189

Einleitung.

Keine Neuerung der Textil-Industrie hat in den letzten Jahren ein gleich lebhaftes Interesse erregt, wie die Erzeugung des seidenähnlichen Glanzes auf Baumwolle durch die Mercerisation in gestrecktem Zustande.

Die Möglichkeit, mit Hilfe einer relativ sehr einfachen Operation der Baumwolle einen höheren Wert zu verleihen, die Verbesserung der tinktoriellen Eigenschaften und der Festigkeit der mercerisierten Faser, alles trug dazu bei, diesem Verfahren die bedeutende Entwicklung zu sichern. Es wird daher eine Übersicht des jetzigen Standes dieses Gebietes der Industrie und Wissenschaft gleich willkommen sein.

Das Mercerisieren selbst ist schon seit Jahrzehnten bekannt, doch blieb die Ausführung beschränkt, weil die Baumwolle zu stark in ihren Dimensionen zusammenschrumpfte. Erst die Wahrnehmung, daß durch mechanisches Strecken nicht nur das Eingehen vermieden werden kann, sondern daß auch einzelne Baumwollsorten (speziell langstapelige oder ägyptische Baumwolle) einen erhöhten, der Seide ähnlichen Glanz erlangen, rief das Interesse wieder wach und führte zu erfolgreicher und ausgedehnter Anwendung der Methode.

Die Entwicklungsphasen der Mercerisierung sind folgende:

1. Mercerisieren ohne Strecken;
2. Mercerisieren zur Herstellung des Kreppartikels;
3. Mercerisieren unter Streckung zur Erzeugung des seidenähnlichen Glanzes.

Eine weitere Neuerung, das Finishen der Gewebe — wie die Ausbildung der Appreturen überhaupt — schloß sich eng an das neu aufgetretene Mercerisieren an, und auch dieses Gebiet soll im Rahmen der Appretur mercerisierter Gewebe eingehender besprochen werden.

Die einzelnen Abschnitte des Buches sind:

I. Die ersten Patente der Mercerisation.

II. Die weiteren Patente der Mercerisation vom Jahre 1896 bis Ende 1911.

III. Die Wirkung der Natronlauge auf Baumwolle in physikalischer wie chemischer Beziehung.

IV. Die Ausführung der Mercerisation in der Praxis.

V. Die Natronlauge und ihre Rückgewinnung beim Mercerisieren.

VI. Die Appretur mercerisierter Gewebe.

I. Die ersten Patente der Mercerisation.

Die Erfindung Mercers vom Jahre 1844.

Im Jahre 1844 untersuchte John Mercer den Einfluß der Ätzalkalien auf die Faser, und ihm verdanken wir die ersten Mitteilungen über diesen Gegenstand[1].

Er beobachtete gelegentlich eines wissenschaftlichen Versuches beim Filtern starker Natronlauge durch Baumwollzeug eine Veränderung der Faser; die Lösung lief nämlich sehr langsam durch, und das Filtrat zeigte eine Dichte von nur 1,265, während die der ursprünglichen Lauge 1,300 gewesen war; das Zeug war etwas durchsichtig, aber dicker geworden und in der Länge und Breite zusammengeschrumpft. Mercer untersuchte nun die Einwirkung von starkem Alkali auf Baumwolle, welche nach ihm Mercerisieren genannt wird, genauer und stellte u. a. auch fest, daß sowohl Schwefelsäure wie auch Chlorzink unter gewissen Bedingungen ähnlich wirken; ihre Benutzung ist in dem 1850 an Mercer erteilten englischen Patent „für Verbesserungen in der Behandlung von Baumwolle und anderen Faserstoffen und Geweben" ebenfalls beansprucht. Mercer erhielt die besten Ergebnisse mit Baumwollzeug, welches einfach, ohne Kochen, mit schwacher Lauge gereinigt war, indem er dieses in Natronlauge von $26\frac{1}{2}$—29^0 Bé. bei Luftwärme (15^0) einweichte; auf gewöhnliche Weise gebleichtes Zeug ließ die Einwirkung auch hinreichend erkennen; dabei machte er die merkwürdige Beobachtung, daß Erwärmen die Umwandlung verlangsamte, hingegen Abkühlen der Lauge sie beschleunigte. Die mercerisierte Baumwolle erwies sich (nach Entfernung des Alkalis durch Spülen in Wasser) als schwerer und dichter und zeigte größere Anziehungskraft für Farbstoffe

---

[1]) The Life and Labours of John Mercer; by E. A. Parnell (Longmanns, Green & Co.). — Handbuch der Färberei der Spinnfasern von Dr. Richard Loewenthal, S. 69.

als gewöhnliche Baumwolle. Die Zusammenziehung betrug $^1/_4$—$^1/_5$ der Länge, und ein Gewebe, welches 200 Fäden auf den Zoll zählte, konnte zum Einschrumpfen bis auf 270 Fäden auf den Zoll gebracht werden. Zerreißversuche zeigten, daß ein Streifen, welcher vorher nur 13 Pfund trug, jetzt erst von 22 Pfund zerrissen wurde. Ein Bündel Fäden, das vor der Behandlung eine Belastung von 13 Unzen zum Zerreißen erforderte, brauchte nach derselben mindestens 19 Unzen. Die Gewichtszunahme der mercerisierten Baumwolle betrug 4,5—5,5 % des ursprünglichen Gewebes und ist durch vermehrte, angezogene Feuchtigkeit verursacht; dieses Wasser entweicht bei 100°, wird aber wieder aufgenommen, wenn das Gewebe der Luft ausgesetzt wird. Mercer vermutete, daß die Zellulose in Berührung mit dem Ätznatron eine Verbindung $C_{12}H_{20}O_{10}, Na_2O$ bilde, die durch Wasser in gewässerte Zellulose, $C_{12}H_{20}O_{10}, H_2O$, verwandelt würde.

Welche Bedeutung der Sache beigelegt wurde, möge daraus hervorgehen, daß eine französische Gesellschaft 40 000 Pfund Sterling Mercer für seine Patentrechte angeboten hat, ohne daß das Verfahren indessen eine besondere Bedeutung hätte erlangen können.

Auch ein anderes Moment spricht dafür, daß die Erfindung an sich nicht unterschätzt wurde; es ergibt sich dies aus dem Prioritätsanspruch, den Professor Leykauf, Nürnberg, erhob, indem er nachwies, daß er ein ähnliches Verfahren unter der Benennung „Verfeinerung der Baumwoll- und Leinenzeuge“ schon im Jahre 1845 einer befreundeten Firma zur Ausführung angeboten habe[1]).

Jedenfalls hatte auch Mercer selbst die Wichtigkeit der Erfindung erkannt, und wie weit er selbst unserer heutigen Generation vorgearbeitet hat, ergibt sich am besten, wenn wir einer Beschreibung von Kurrer (Kurrer, „Druck- und Färbekunst“, 1859) folgen, welche die Ansicht über Mercers Verfahren wie nachstehend wiedergibt:

„Mercers Verfahren, die weiß gebleichten Baumwollen- und Leinengewebe zu verdichten und feiner zu machen, besteht in dem folgenden:

1. Die Gewebe werden auf der Grundiermaschine mit 35—39°

---

[1]) Leuchs: Polytechn. Zeitung Nr. 4 vom 28. Januar 1897.

Bé haltender, kalter Ätznatronlauge bei einer Temperatur von 12⁰ R imprägniert, und ohne zu trocknen, ausgewaschen, hernach durch ein verdünntes schwefelsaures Bad genommen, von da wieder gut ausgewaschen, entwässert und abgetrocknet. Um bei diesem Verfahren kein alkalisches Salz zu verlieren, kann man die mit Ätznatronlauge imprägnierte Ware zuerst in einer Wanne, mit Wasser angefüllt, hin und wieder haspeln und dann erst gut auswaschen. Die so gewonnene Lauge kann für andere Zwecke verwendet werden, oder auch statt Wasser zum Ansetzen der starken Natronlauge genommen werden.

2. Oder man wendet statt der Grundiermaschine einen mit einer Reihe von Leitwalzen versehenen Behälter (Rollenapparat, Kuhkotmaschine) an, füllt denselben mit 25—30⁰ Bé haltender kalter Lauge und geht mit der Ware auf gewöhnliche Art in das Laugenbad ein. Am Ende des Rollenapparats werden zwei Ausringwalzen angebracht, von welchen die überschüssige Lauge in den Behälter zurückgelangt. Die Ware läuft dann über und unter Leitwalzen in eine Reihe von Behältern, die man am Anfang der Operation bloß mit Wasser füllt, so daß im letzten Behälter fast alles alkalische Salz aus dem Zeug ausgewaschen wird. Das in den Behältern befindliche alkalisierte Wasser kann zu anderem Gebrauch verwendet werden. Die Ware wird nun in fließendem Wasser rein ausgespült, alsdann durch ein schwefelsaures Bad passiert, von da wieder rein ausgewaschen, im Hydroextrakteur entwässert und abgetrocknet.

Die verdichteten (präparierten) Baumwollgewebe besitzen die Eigenschaft, sich so schön, intensiv und feurig wie Schafwolle färben zu lassen. Am auffallendsten zeigt sich der Glanz der roten Farbe bei Baumwollsamt und der violetten und Lilafarbe bei Kattun, erweist sich aber auch nichtsdestoweniger bei vielen anderen Farben zu ihrem Vorteil, wie ich mich selbst zu überzeugen Gelegenheit hatte. Die Farbstoffe dringen in die Faser der präparierten Garne vollkommen ein und haften nicht bloß auf der Oberfläche, auch werden sie in größerer Menge aufgenommen und fester gebunden; nicht nur die Oberfläche muß zerstört werden, wenn sie nicht abreiben sollen.

Wenn man ein Stück Baumwollenzeug in zwei Hälften teilt, die eine Hälfte präpariert, die andere Hälfte unpräpariert läßt und beide zusammen färbt, so wird der präparierte Teil sich wie

Schafwolle, der nicht präparierte Teil wie Baumwolle färben. Ebenso verhält es sich mit Baumwollsamt. Bedruckt man die Stoffe vor der Präparation mit Gummi, so wirkt die Sodalauge an diesen Stellen nicht ein, es bleiben gemusterte Zeuge mit lichteren und dichteren Stellen; färbt man solche Zeuge, so ist die Färbung ebenso verschieden. Sie lassen sich jedoch nicht glätten.

Im Drucken der Baumwollgewebe habe ich im Jahre 1851 in der Kattunfabrik der Brüder Porges in Prag nach Mercers Methode über diesen Gegenstand genaue Versuche angestellt und in Beziehung auf Feinheit und Dichtigkeit der Gewebe ganz denselben guten Effekt wie der Patentträger erreicht. — Der alleinige Übelstand dabei ist nur der Verlust im Längen- und Breitenmaß, welchen die Gewebe durch die Verfeinerung erleiden.

Man kann baumwollene Gewebe auch ohne kaustische Natronlauge durch bloßes Säuren verdichten, wofür sich Schwefelsäure, Salpetersäure und Phosphorsäure ganz vorzüglich eignen. Die mit Schwefelsäure und Phosphorsäure verdichteten Baumwollenzeuge liefern im Drucken und Färben noch sattere und lebhaftere Farben als die durch Alkalien verdichteten Stoffe.

Bei gemischten Geweben, welche aus Baumwolle oder Leinen in Verbindung mit Seide oder Schafwolle bestehen, rät Mercer an, die kaustische Lauge nicht stärker als 25° Bé zu nehmen, und das Grundieren bei einer niederen Temperatur von 8° R vorzunehmen, um auf die tierische Faser nicht alterierend einzuwirken.

Von großem Wert ist auch das Verdichten für weiße Trikot- und Strumpfwaren durch kaustische Alkalien und nachheriges Säuren, welches auf keine andere Weise ermöglicht werden kann, nicht minder auch für glatte weiße Ware dieselbe gemustert darzustellen, was man erreicht, wenn die Stoffe in Mustern oder Streifen mit durch hellgebrannte Stärke verdickter kaustischer Natronlauge bedruckt und nach dem Abtrocknen der Einwirkung kochender Wasserdämpfe ausgesetzt werden. Die von der Lauge getroffenen Stellen laufen ein; sie bleiben glatt, während die nicht eingelaufenen Stellen durch das Zusammenziehen des ersteren ganz kraus werden und die Gewebe sich dem Auge damastartig zeigen. Der Effekt ist namentlich beim Bedrucken mit glatten Streifen ein äußerst überraschender. In der Londoner Industrie-Ausstellung 1851 waren einige Gegenstände dieser Art durch

Mercer ausgestellt, darunter ein Mädchenhut aus mit Streifen bedrucktem Zeug, welcher allgemein bewundert wurde. In dem Felde der weißen Warenartikel bietet die Verdichtung und Verfeinerung noch mannigfaltige Erfolge in industrieller Beziehung dar.“

Der letzte Abschnitt ist insofern interessant, weil er die genaue Beschreibung des in den letzten Jahren in den Druckereien so stark gangbaren Kreppartikels in sich schließt, und wenn man den obigen Passus: „Bedruckt man die Stoffe vor der Präparation mit Gummi, so wirkt die Sodalauge an diesen Stellen nicht ein; es bleiben gemusterte Zeuge usw.“ dazunimmt, so ist damit eigentlich der ganze Kreppartikel, wie er heute ausgeführt wird, beschrieben. — Wenn trotzdem die Herstellung dieses Artikels in Deutschland jahrelang unter Patentschutz stehen konnte, so hat es damit eine eigene Bewandtnis.

Im Jahre 1884 erhielten nämlich P. und C. Depoully die nachstehend beschriebenen deutschen Patente, welche die Herstellung des Kreppartikels zum Gegenstande haben. Eine elsässische Druckerei erwarb Lizenz und brachte den Artikel auf den Markt. — Als es sich später herausstellte, daß der gleiche Artikel von Mercer schon vorgesehen, von Kurrer schon genau beschrieben war, und nun versucht wurde, auf Grund dieser Tatsachen gegen die Patente vorzugehen, da zeigte es sich, daß eine Anfechtung nicht mehr möglich war, weil nach dem deutschen Patentgesetz gegen ein selbst zu Unrecht bestehendes Patent, wenn es 5 Jahre unangefochten bleibt, nichts mehr unternommen werden kann. Eine Anomalie im deutschen Patentgesetz, die hoffentlich bald zum Verschwinden gebracht wird.

Die ersten Patente zur Herstellung des Kreppartikels.

Verfahren, um Gewebe durch partielle Kontraktion ihrer Fäden mittels gemischter Mittel zu mustern.

Von Paul Depoully & Charles Depoully in Paris und der Société C. Garnier et Francisque Voland in Lyon.

D.R.P. Nr. 30966 vom 14. Juni 1884.

Die vorliegende Erfindung betrifft die Herstellung einer neuen Art von Geweben durch teilweise stattfindende Zusammenziehung ihrer Fäden, welche wir wegen ihrer Ähnlichkeit mit bossierter Arbeit „bossierte" Gewebe nennen.

Verschiedene Textilfasern haben die Eigenschaft, sich unter dem Einfluß bestimmter chemischer Agentien in der Weise zusammenzuziehen, daß ihre Länge in beträchtlichem Maße abnimmt; diese Eigentümlichkeit haben wir nun mit Vorteil benutzt, um die neue Art von Geweben, welche den Gegenstand der vorliegenden Erfindung bilden, zu erhalten.

Die Gewebe oder Stoffe, auf welche wir wirken, können zweierlei sein:

1. diejenigen aus zwei verschiedenen Materialien, einer vegetabilischen und einer animalischen;
2. diejenigen aus einem und demselben Stoff.

Gewebe der ersten Art nennen wir einen Stoff, welcher entweder in der Richtung der Kette oder in derjenigen des Schusses oder selbst in beiden Richtungen zugleich, z. B. abwechselnd aus Baumwoll- und aus Seidenfäden, zusammengesetzt ist. Diesen Stoff unterwerfen wir der Wirkung konzentrierter alkalischer Lösungen.

Unter dem Einfluß dieser Agentien erleiden die Baumwollfasern eine Zusammenziehung, welche über 50 % ihrer ursprünglichen Länge betragen kann.

Während alle Baumwollfäden des Gewebes eine durch die chemische Wirkung hervorgerufene Verminderung ihrer Länge erfahren, kontrahieren sich die Seidenfäden nicht, sie sind gegen diese Wirkung unempfänglich, krümmen sich nur in sich selbst und erzeugen Wellenlinien, deren Verteilung und Ausbreitung auf der Oberfläche des Gewebes Unebenheiten bilden, welche den Eindruck bossierter Arbeit machen.

Durch Änderung der Trittweise, der Schnürung und auch der abwechselnden Verteilung der beiden angewendeten Materien, sei es in der Kette, sei es im Schuß oder in beiden Richtungen, können wir diese Unebenheiten, diese erhabenen Stellen, welche dem behandelten Gewebe einen vollständig originellen und neuen Charakter geben, bis ins unendliche variieren.

Gewebe der zweiten Art sind solche, welche ganz aus Baumwolle oder aus Baumwolle und anderen vegetabilischen Fasern angefertigt sind. Wenn wir diesen Stoff mit konzentrierten alkalischen Lösungen behandeln, so würde das ganze Gewebe eine gleichmäßige Zusammenziehung erleiden, aber keine Unebenheiten zeigen, welche die gewünschte Bossierung hervorrufen. Um diese Unebenheiten zu erreichen, tragen wir auf den Stoff durch Druck oder in anderer Weise eine Substanz auf, welche als Reservage oder Schutzpapp wirkt und Linien oder Zeichnungen bildet, die wir beliebig ändern können.

Als Schutzpapp verwenden wir z. B. einen gummi- oder gallertartigen Schleim der Fettkörper oder der Kombinationen von Fettkörpern, oder selbst eine harzige Lösung, Kautschuk, Guttapercha usw.

Nachdem der Deckpapp aufgetragen und getrocknet ist, unterwerfen wir den Stoff der Wirkung konzentrierter alkalischer Lösungen in derselben Weise, wie wir es für die Gewebe der ersten Art auseinandergesetzt haben; dann beseitigen wir die Reservage durch geeignete Auflösungsmittel. Die Teile des Gewebes, welche nicht durch den Schutzpapp bedeckt waren, erleiden eine molekulare Kontraktion infolge der chemischen Agentien, während jene mit Deckpapp versehenen Teile ihre ursprünglichen Dimensionen bewahren, und weil sie von den zusammengezogenen Teilen eingeschlossen werden, Unebenheiten bilden, welche die gesuchte Bossierung geben.

Die plastische Reservage, welche dazu bestimmt ist, gewisse Teile der Fasern zu schützen, wie wir eben beschrieben haben, kann auch für Gewebe der ersten Art, d. h. Gewebe, die aus vegetabilischen und animalischen Materien bestehen, verwendet werden und erzeugt dort ebenfalls gute Effekte.

Die Bossierung läßt sich sowohl in der Kette als auch im

Schuß von sehr hervorragenden Stellen bis zu den zartesten Eindrücken graduieren, wodurch auf dünnen Geweben Kontraste von matten und transparenten Stellen entstehen, welche einen vortrefflichen Effekt erzeugen.

Eine genaue Untersuchung des zuletzt erwähnten Gewebes läßt die molekularen Veränderungen, welche jene nicht mit Reservage bedeckten Teile erfahren, vollkommen erkennen.

Die chemischen, kontraktionen-erzeugenden Agentien, welche wir vorzugsweise anwenden, sind folgende:

Konzentrierte alkalische Lösungen, Ätznatronlauge usw., im allgemeinen von 15—32° Bé, je nachdem eine größere oder geringere Zusammenziehung der Fasern erreicht werden soll.

Die Operation läßt sich schnell ausführen, denn die chemische Wirkung tritt sehr rasch ein; wir ziehen das ausgespannte oder schlaffe Gewebe durch das alkalische Bad, bringen es hierauf sogleich in einen Spülbottich mit fließendem Wasser und eventl. in ein leicht säurehaltiges Wasser, um jeder anderweitigen Veränderung vorzubeugen.

Wir verwenden auch vorteilhaft konzentrierte Säuren als kontrahierende Agentien, wie z. B. Schwefelsäure.

Die Zusammenziehung der Fasern läßt sich nicht nur durch Eintauchen des Gewebes in die konzentrierte alkalische Lösung erreichen, sondern auch durch eine hinreichend dickflüssige Ätznatronlösung, welche mit den allgemein angewendeten Mitteln verdickt ist und auf das Gewebe durch Drucken oder in anderer Weise aufgetragen wird.

In diesem Fall erleiden die bedruckten Stellen Kontraktionen, während die nicht bedruckten Teile ihre ursprüngliche Beschaffenheit bewahren.

Die durch unsere Methode erhaltene Bossierung der Gewebe ist gänzlich verschieden von den erhabenen Stellen (Reliefs), welche durch bekannte Mittel auf Geweben erzeugt werden.

Bisher werden die Reliefs durch verschiedene Verfahren: Falten, In-Bauschen-Zusammenheften und Gauffrieren, von Hand oder auf mechanischem Wege in allgemein bekannter Weise erzeugt, ferner noch durch Kreppen oder Kräuseln. Das letzte Verfahren beruht auf der Anwendung sehr gedrehter Fäden, welche, nachdem sie verwebt sind, von selbst mehr oder weniger gleichmäßig zusammenschrumpfen (besonders wenn man diesem Einlaufen durch Anfeuchten mit Wasser und selbst durch ein leichtes Walken zur Hilfe kommt) und den unter dem Namen „Krepp" bekannten Effekt hervorbringen.

Unser Produkt unterscheidet sich also sowohl durch die Art und Weise der Herstellung als auch durch die wirklich dekorativen Effekte wesentlich von den Erzeugnissen, welche durch die vorhin genannten Verfahren entstehen. Unser Verfahren ist von dem Kräuselverfahren, wo nur durch eine starke Verdrehung der Fäden Wirkungen erzielt werden, wesentlich verschieden; es läßt sich für alle Arten von Geweben, selbst für netzartige Gewebe, wie Tüll, Spitzen, Trikots usw. anwenden.

Patentanspruch. „Ein Verfahren, um Gewebe zu mustern, darin bestehend, daß Gewebe, welche aus vegetabilischen und animalischen Stoffen bestehen, mit alkalischen Lösungen, die nur einen der Stoffe kontrahieren, behandelt werden, während Gewebe, welche lediglich aus vegetabilischen Stoffen bestehen, entweder mit verdickter alkalischer Lösung bedruckt oder an bestimmten Stellen mit Schutzpapp bedeckt und dann der alkalischen Lösung ausgesetzt werden."

Ferner ein Zusatzpatent

Nr. 37 658 vom 13. Dezember 1885 ab, längste Dauer 13. Juni 1899.

Die Neuerungen des Verfahrens bestehen in folgenden zwei Punkten:

1. Bei der Behandlung der gemischten, d. h. der aus vegetabilischen und animalischen Stoffen gebildeten Gewebe mit kaustischen Alkalien hat sich ergeben, daß es vorteilhaft ist, um eine vollkommene Wirkung ohne Nachteil für die Festigkeit der Gewebe zu erzielen, und um einer Veränderung der animalischen Teile des Gewebes vorzubeugen, die Temperatur der alkalischen Laugen so viel als möglich auf 0° C zu erniedrigen, zum Zwecke, die Zeit des Untertauchens bis auf 5 Minuten und sogar bis auf 10 Minuten ausdehnen zu können.

2. Im Hauptpatente ist (Spalte 4 oben) erwähnt, daß konzentrierte Säuren, wie z. B. Schwefelsäure, benutzt werden können, um die Zusammenziehung der vegetabilischen Fasern der zu behandelnden Gewebe zu erlangen.

Diese Behandlung mit Säuren geschieht gleichfalls bei niedriger Temperatur; die erhaltenen Effekte sind je nach der Zeit der Eintauchung und dem Konzentrationsgrad der angewendeten Säure sehr verschiedenartige. Wenn man beispielsweise ein ganz aus Baumwolle bestehendes in der im Hauptpatente beschriebenen Weise mit gummiartigem Deckpapp bedrucktes Gewebe mit einer Säure, am besten Schwefelsäure, von 49—51° B und sehr niedriger Temperatur behandelt, so kann man das Gewebe 5—10 Minuten hindurch in der Säure liegen lassen und eine starke Zusammenziehung der Fasern erhalten, ohne ein Verderben des Gewebes befürchten zu müssen; der der Wirkung der Säure unterworfene Teil des Gewebes erleidet eine Zusammenziehung, wobei er geschmeidig bleibt, während der mit dem Schutzpapp bedeckte Teil seine ursprünglichen Dimensionen beibehält.

Wenn man dagegen mit einer Säure, am besten Schwefelsäure, von 52—53° B und sogar mit einer noch stärkeren bis zu 60° B arbeitet, so muß man sehr schnell operieren, um einer Beschädigung des Textilstoffes vorzubeugen. Der der starken Säure ausgesetzte Teil des Gewebes ist dann mehr oder weniger gehärtet, wogegen der geschützte Teil, welcher keine Zusammenziehung erlitten hat, vollkommen geschmeidig bleibt.

Diese Art der Behandlung mit konzentrierten Säuren wird besonders auf gemischte, aus Baumwolle und Wolle verfertigte Stoffe angewendet, und es ergeben sich, je nachdem wir das eine oder das andere der beiden eben beschriebenen Verfahren ausführen, entweder Bossierungen im Gewebe, welche geschmeidig sind, ebenso wie die durch die Behandlung mit Alkali erlangten, oder Verstärkungen im Stoff, welche den Eindruck machen, als wenn der Stoff eine Appretur erhalten hätte. Bei dieser Behandlung erleidet die Baumwolle allein eine Veränderung, weil die Wolle von der Säure nicht angegriffen wird. Wenn das Gewebe mit Hilfe von aus Wolle und Baumwolle zusammengesetzten Fäden hergestellt ist, so erlangt der ganze Stoff nach dieser Behandlung eine bedeutende Festigkeit, wobei er ebenfalls dasselbe kreppartige Aussehen zeigt, welches wir durch die Anwendung von Alkali erhalten.

Die im Hauptpatente, sowie die vorhin beschriebenen Verfahren sind nicht nur auf Gewebe sondern auch auf alle beliebigen Vereinigungen animalischer und vegetabilischer Fasern oder vegetabilischer Fasern unter sich anwendbar, wie z. B. auf Garn, Litzen, Flechtschnüre, Bänder, Tressen, Flechten, Chenille,

Soutache und andere Erzeugnisse der Spinnerei und Bortenwirkerei.

Wird nach diesem Verfahren vermengtes, aus zwei oder drei Materien, z. B. aus Seide und Baumwolle, Wolle und Baumwolle oder Seide, Wolle und Baumwolle gebildetes Garn behandelt, so erhält man Fäden von einem gänzlich neuen Aussehen, welche je nach der ursprünglichen Beschaffenheit des Fadens und der Stärke des angewendeten Bades mehr oder weniger vorspringende Erhabenheiten (Reliefs) von wechselnder Lage zeigen.

Die auf diese Weise veränderten Fäden können vorteilhaft in der Weberei, der Bortenwirkerei, der Stickerei, zu Verzierungen, sei es allein für sich oder mit gewöhnlichen Fäden vermengt, Verwendung finden; sie können in Strähnen gefärbt und infolgedessen bei der Bildung von Geweben aus gefärbtem Garn und zur Herstellung irgendwelcher anderer Gegenstände mit benutzt werden.

Bei der Anwendung des Verfahrens auf Garn können die Fäden entweder einzeln durch die Bäder hindurchgeführt oder in Gestalt von Strähnen, Bobinen oder Bündeln, in besonderen Bottichen angeordnet, behandelt werden; in dem letzteren Falle ist es vorteilhaft, über der Flüssigkeit Luftleere zu erzeugen, um das Eindringen der ersteren in die Fäden zu sichern.

Die Behandlung des Garnes in Strähnen geschieht am einfachsten dadurch, daß man die Strähnen, ohne sie zu spannen oder auszustrecken, in ein Bad untertaucht, welches die kontrahierenden chemischen Agentien enthält.

In allen Fällen müssen die aus dem chemischen Bade kommenden Fäden vollständig ausgespült und meistenteils durch ein neutralisierendes Bad geführt werden, welches entweder sauer oder alkalisch ist, je nachdem die Kontraktion durch Alkalien oder Säuren herbeigeführt wurde.

Bei der Anwendung des Verfahrens auf Fäden, welche lediglich aus vegetabilischen Stoffen gebildet sind, werden die gummiartigen oder schleimigen Schutzpappen, welche in dem Hauptpatent erwähnt wurden, benutzt.

Der Deckpapp wird auf irgendeine Art und Weise (durch Eintauchen oder Bedrucken) aufgetragen, sei auf es eine oder mehrere der den zusammengesetzten Faden bildenden Fasern, oder sei es lediglich auf gewisse Stellen dieses Fadens.

Patentansprüche. „Bei dem unter Nr. 30 966 geschützten Verfahren, um Gewebe zu mustern, folgende Veränderungen: a) der Ersatz der alkalischen Lösungen durch saure Bäder, am besten Schwefelsäure von 49—51° B, um auf den Geweben weiche Beulen oder Bossierungen zu erhalten, und Schwefelsäure von 52—66° B, um auf den Geweben harte Beulen oder Bossierungen zu erhalten; b) anstatt der Anwendung der alkalischen oder sauren Bäder von gewöhnlicher mittlerer Temperatur die Anwendung solcher Bäder von ungefähr 0° C, zum Zwecke, die Bäder längere Zeit (5—10 Minuten) auf die Gewebe wirken zu lassen."

Die beiden interessanten Patente erstrecken sich nicht nur auf die Herstellung des Kreppartikels, sondern fassen auch die Herstellung kreppartiger Effekte auf Halbseide und Halbwolle durch Passieren der Gewebe in abgekühlten alkalischen Bädern in sich, welche Verfahren für Halbwollartikel bekanntlich längere Zeit stark ausgeübt wurden.

Weitere Patente, die sich auf die Herstellung des Kreppartikels beziehen, sind:

Heilmann & Co., Mülhausen, DRP. Nr. 83 314, 1895.

Württemberg. Kattun-Manufaktur Heidenheim, DRP. Nr. 89.977, 1895.

Schwabe & Co., A. Binz und R. Boral, Manchester, Engl. Patent Nr. 29 504, 1897.

Ferner sei bezüglich des Kreppartikels auf Wolle auch auf die Publikation von Sieffert Ed.: Bulletin de Mulhouse, Bd. 68, S. 86, verwiesen.

Die ersten Patente zum Mercerisieren in gestrecktem Zustande.

Verbesserung in der Behandlung von fertigem oder teilweise fertigem Material aus Baumwoll- oder anderen Pflanzenfasern.

von Horace Arthur Lowe

technischem Chemiker aus Heaton Moor in Lancaster.

Englisches Patent Nr. 4452 vom 15. März 1890.

Diese Erfindung bezieht sich auf Verbesserungen in der Behandlung der Baumwolle, durch welche die pflanzliche Faser

(Baumwolle oder Flachs) ein besseres Aussehen oder Glanz (or finish) erlangt und gleichzeitig die Stärke der Faser, sowie die Aufnahmefähigkeit derselben für Farbstoffe erhöht wird.

Bei dem Verfahren des früheren Patentes Nr. 20 314 wurde die Baumwolle mit Ätzalkalien, insbesondere starker Natronlauge imprägniert. Diese verbindet sich mit der Faser und verwandelt diese in ein transparentes, elastisches Material. Es tritt jedoch hierdurch gleichzeitig ein starkes Einschrumpfen ein, und dieses Einschrumpfen wird dadurch verhindert, daß das Material während der Behandlung oder nach der Behandlung mit Natronlauge mechanisch gestreckt wird, und zwar notwendigerweise, bevor das Material den vorübergehenden Zustand der Dehnbarkeit verloren hat. Dieser Dehnbarkeitszustand ist nur während der Zeit vorhanden, in der die Alkalizelluloseverbindung aufgehoben wird; bis zu diesem Zeitpunkt läuft das Material wieder ein, sobald die Spannung wieder aufhört; es ist „elastisch", nicht „dehnbar". Diese Elastizität verschwindet in dem angegebenen Zeitpunkt, doch bleibt die Dehnbarkeit noch für einige Zeit bestehen und nimmt nur allmählich ab, vorausgesetzt, daß das Material nicht getrocknet wird. Ich benutze diesen besonderen, vorübergehenden Zustand der Dehnbarkeit, um die ursprünglichen Dimensionen zu erhalten und doch der Faser die Eigenschaften zu lassen, die als Folge der Natronlaugebehandlung auftreten.

Zur Ausführung des Verfahrens wird das Material während 10 bis 15 Minuten in ein Bad eingetaucht, welches Natronlauge in einer Stärke von 25—75^0 Twaddle enthält. Die Dauer der Operation variiert je nach der Dichtigkeit des Materials und nach der Stärke der Lösung. Die Natronlauge bewirkt eine Modifikation der Zellulose und verursacht, daß die Faser stark einschrumpft, und wenn auch durch nachfolgendes Waschen jede Spur der Natronlauge entfernt wird, so bleibt doch der veränderte Zustand der Baumwollfaser und die Verkürzung derselben bestehen. Das Material befindet sich, wenn es aus dem Natronlaugebad kommt, und während der Dauer des ganzen Prozesses in einem sehr dehnbaren und elastischen Zustande, und man kann das ganze Einschrumpfen dadurch verhindern, daß man entweder die Baumwolle im Bad in gespannten Zustande erhält und die Spannung weiter beibehält, bis das Waschen fertig ist, oder während des nachfolgenden Waschens oder schließlich bis nach vollendetem Waschen, ehe das Material zum Trocknen kommt oder undehnbar geworden ist. Ich finde, daß, wenn Garne in Strähnform behandelt werden, es am besten ist, die Spannung während der ganzen Behandlung andauern zu lassen, daß bei Behandlung von schwereren Geweben und Ketten das Strecken während des Waschens am vorteilhaftesten ist, während für gewöhnliche Gewebe und für Copse das Strecken erst eintreten sollte, nachdem die Zersetzung der Alkalizelluloseverbindung vollendet ist, aber bevor durch Stehen oder Trocknen das Material undehnbar geworden ist. Wenn die Baumwolle aus dem alkalischen Bade kommt, wird sie mit Wasser (am besten warmem Wasser) gut gespült, und zwar in der Weise, daß das Alkali aus der Baumwolle entfernt wird, aber ohne zu stark verdünnt zu werden. Man kann dies erreichen, indem man warmes Wasser in feinen Strahlen auf die Baumwolle spritzen läßt, oder indem man in Apparaten mit Druck- oder mit Saugvorrichtung oder mit mechanischen Pressen auswäscht. Durch das Waschen mit Wasser wird die Zersetzung der Alkalizelluloseverbindung herbeigeführt, und während die modifizierte Form der Zellulose sich bildet, ist die Faser in einem Zustande, der durch Strecken die Einschrumpfung unmöglich macht, ohne daß damit die Wirkung der Natronlauge auf die Faser in bezug auf Glanz oder Aufnahmefähigkeit für Farbstoffe beeinträchtigt würde. Die so hergestellte Faser ist frei von Alkali, und der letzte Rest kann ev. noch mit verdünnter Säure neutralisiert werden. Die im Waschwasser befindliche Natronlauge kann durch Eindampfen wieder konzentriert und weiter benutzt werden. Sollte die Lauge nach längerem Gebrauche Unreinigkeiten enthalten, so muß sie vor dem Eindampfen filtriert werden. Das Verfahren umfaßt demnach drei Operationen:

a) Behandeln der Zellulose mit Natronlauge, b) Strecken derselben, während sie sich in dehnbarem Zustande befindet, und c) Entfernung der Natronlauge von der Faser und Wiedergewinnung derselben. Nach diesem Verfahren kann die Baumwolle in Form von Geweben, als Garn in Strähnen oder Copsen oder als Ketten behandelt werden.

Gewebte Stücke oder Ketten werden am besten kontinuierlich behandelt, sie werden langsam durch ein Bad genommen, gehen durch Quetschwalzen, um den größten Teil der Natronlauge auszuquetschen, und werden schließlich durch Waschtröge geführt, wo die beschriebene Zersetzung bei möglichst geringer Verdünnung der Natronlauge ausgeführt wird. Während der Operation des Waschens, oder gleich darauf, wird das Material gestreckt auf Maschinen, welche zu diesem Zwecke gegenwärtig angewendet oder hergestellt werden. Garne in Strähn- oder Copsform werden am besten in Maschinen behandelt, wie sie jetzt zum Färben benutzt werden, oder ähnlichen Maschinen, welche zu diesem Zwecke speziell konstruiert werden. Bei Strängen ist es ratsam, sie während der ganzen Operation gestreckt zu halten bis zum Aufhören des elastischen Zustandes. Das so behandelte Material hat folgende Vorteile: die Baumwolle wird wesentlich fester, sie hat eine erhöhte Fähigkeit, Feuchtigkeit aufzunehmen, sie zeigt eine regelmäßigere Dichte und ein glänzenderes Aussehen, zusammen mit der Eigenschaft, tiefere Nuancen mit der gleichen Menge Farbstoff zu geben wie unmercerisierte Baumwolle. Ferner sind die Färbungen widerstandsfähiger gegen chemische Reagentien und gegen Sonnenstrahlen. Das Strecken verändert im sonstigen keine der durch Mercerisation im allgemeinen erhaltenen Eigenschaften und verhindert dabei das Eingehen der Faser. Das Gewebe kann nach der Behandlung wie üblich appretiert, kalandert und gebeetelt werden.

Die Patentansprüche lauten: „1. Verfahren zum Behandeln der pflanzlichen Faser mit starken Alkalien — vornehmlich mit Natronlauge — und Strecken der alkalischen Faser während der Behandlung oder gleich nach derselben, bevor die Faser die Dehnbarkeit verloren hat, um ein Einschrumpfen zu verhüten, im wesentlichen in der beschriebenen Ausführung und Absicht. 2. Das dreifache Verfahren, welches darin besteht, daß die Faser mit starker Natronlauge behandelt und, solange sie sich noch in dehnbarem Zustande befindet, gestreckt wird, um ein Einschrumpfen zu verhüten, und schließlich die Natronlauge von der Zellulose entfernt und wiedergewonnen wird, um erneut Verwendung zu finden.“

Lowe hatte auch schon im Jahre 1889 ein englisches Patent zum Mercerisieren in gestrecktem Zustand erhalten, aber in diesem ist das Verfahren noch nicht so genau beschrieben wie in dem vorstehenden.

Der auffällige Umstand, daß Lowe das Verfahren nicht zur Anwendung bringen konnte, wird allgemein darauf zurückgeführt, daß er wahrscheinlich kein langstapeliges Garn (Makogarn) zum Mercerisieren verwendete und so nicht den gleichen Effekt, wie ihn später Thomas & Prevost erhielten, erzielen konnte.

Diese Annahme findet jedoch in der Patentbeschreibung selbst keine Stütze. Aus dieser ist ersichtlich, daß Lowe das Mercerisieren in gestrecktem Zustand ganz eingehend studiert hat; und daß ihm auch der Glanz nicht entging, geht daraus hervor, daß er ausdrücklich von „glossy appearence" spricht. Aber das wesentliche ist, daß Lowe die Bedeutung seiner Wahrnehmung nicht erkannte, und erst durch die späteren Arbeiten von Thomas & Prevost zur Erkenntnis kam, welche große Erfindung er in Händen hatte.

Mercerisieren vegetabilischer Fasern im gespanntem Zustande.

Thomas & Prevost in Crefeld.

D.R.P. Nr. 85 564 vom 24. März 1895.

Setzt man vegetabilische Fasern der Einwirkung starker alkalischer Laugen oder starker Säuren aus, so werden sie chemisch verändert und erlangen eine bedeutende Anziehungskraft für alle Farbstoffe und Beizen. Diese Eigentümlichkeit kann benutzt werden, um bei gemischten Geweben auf vegetabilischen Fasern dunkle oder schwarze Farben zu erzeugen, der Seide dagegen beliebige andere Nuancen zu geben, während bisher derartige Waren im Strang gefärbt oder die echt schwarz gefärbte Baumwolle mit roher Seide verwebt und letztere sodann im Stück gefärbt werden mußten. Färbt man z. B. mit direkten (substantiven) Farbstoffen in verhältnismäßig schwachem Farbbade, so wird die präparierte Baumwolle sehr dunkel gefärbt, während die Seide infolge der geringen, im Bade enthaltenen Farbstoffmengen ganz hell bleibt und sodann noch in allen Tönen gefärbt werden kann. Durch Verweben von echt gefärbten Ketten- oder Schußfäden können mannigfaltige Effekte erzielt werden, ebenso durch Verweben von präparierter und nicht präparierter Baumwolle zu Stoffen, Sammeten, Plüschen, Bändern usw.

Hierbei macht sich jedoch der Übelstand geltend, daß sich das vegetabilische Gewebe äußerst stark zusammenzieht, so daß an eine Verwertung dieses Verfahrens in der Praxis nicht zu denken ist. Dieser Übelstand wird nun beim vorliegenden Verfahren dadurch vermieden, daß die vegetabilische Faser — in Strangform oder schon verwebt oder endlich lose vor dem Verspinnen — in stark gespanntem Zustande der Einwirkung der Basen und Säuren ausgesetzt und nach geschehener Umwandlung unter Beibehaltung der Spannung ausgewaschen wird, bis die in der Faser vorhandene starke innere Spannung nachgelassen hat. Nimmt man die Faser alsdann von der Spannvorrichtung, so kann man sie weiter behandeln, ohne ein Einlaufen befürchten zu müssen.

Als alkalische Lauge ist am besten eine konzentrierte Ätznatronlösung von 15—32° B zu verwenden, welche in kaltem Zustande keinen schädlichen Einfluß auf die Festigkeit der Seiden- und Baumwollfaser ausübt, dieselbe sogar noch erhöht. Als Säure empfiehlt sich starke Schwefelsäure von 49,5—55,5° B, bei deren Anwendung jedoch vorsichtiger verfahren und besonders nach kurzer Einwirkung sofort wieder gut ausgewaschen werden muß.

Die Reaktion tritt schon in ganz kurzer Zeit ein, besonders wenn die Baumwolle vorher gut entfettet und in etwas feuchtem Zustande behandelt wird. Die Beendigung der Reaktion erkennt man an dem pergamentartigen Aussehen der Faser bzw. des Gewebes.

Das Beizen und Färben der so präparierten Baumwollfaser kann mit allen Chemikalien geschehen, welche sonst bei diesen Verfahren zur Behandlung von Baumwolle Verwendung finden. So nimmt die präparierte Baumwolle etwa doppelt so viel Tannin aus einem Beizbade von gleicher Stärke als gewöhnliche Baumwolle auf.

Das Einlaufen der vegetabilischen Faser nun wird hierbei in folgender Weise vermieden.

Handelt es sich zunächst um Gewebe, wo die Kette Seide und der Schuß Baumwolle ist, so können dieselben nach dem Verweben behandelt werden. Man spannt dazu die trocknen oder feuchten Stoffe breit auf und begießt sie in diesem Zustande z. B. mit der Lauge. Nachdem die Reaktion eingetreten ist, was, wie bereits erwähnt, an dem pergamentartigen Aussehen zu erkennen ist, werden die Stoffe so lange mit Wasser überspritzt, bis die durch das Behandeln mit der Lauge eingetretene sehr starke

Spannung nachläßt. Alsdann löst man die Stoffe von der Maschine und neutralisiert sie in einem besonderen Bade. Die so behandelten Stoffe laufen nicht mehr ein.

Soll das Verfahren auf schmale festkantige Bänder, Sammetbänder mit Atlasrücken oder auf Sammete mit Baumwollflor und dergleichen Anwendung finden, wo die zu präparierende Faser einer Spannung nicht oder nur mit großen Schwierigkeiten ausgesetzt werden kann, so wird das Präparieren vor dem Verweben vorgenommen. Dasselbe geschieht dann in Strangform, ebenfalls unter Spannung mittelst geeigneter maschineller Einrichtungen; das Präparieren selbst wird wie oben vorgenommen.

Endlich kann die vegetabilische Faser auch vor dem Verspinnen präpariert werden.

Patentanspruch: „Neuerung bei dem Mercerisieren von vegetabilischen Fasern mit alkalischen Laugen oder Säuren, dadurch gekennzeichnet, daß die vegetabilische Faser in Strang- oder Gewebeform in stark gespanntem Zustande der Einwirkung der Basen oder Säuren ausgesetzt und unter Beibehaltung dieses Zustandes ausgewaschen wird, bis die innere Faserspannung nachgelassen hat, behufs Vermeidung des Einlaufens der Faser."

Wie aus der Beschreibung zu ersehen, haben Thomas & Prevost bei der Einreichung ihres Patentes noch nicht daran gedacht, Seidenglanz auf Baumwolle zu erzeugen. Sie wollten zweifarbige Halbseidenstoffe in verbesserter Weise so herstellen, daß sie die Baumwolle vorher in gestrecktem Zustande mercerisierten. Erst später beobachteten sie, daß durch ihre Arbeitsweise die Baumwolle so wesentlich an Glanz gewinnt und warfen sich nun mit großer Macht auf die Ausnützung dieser Wahrnehmung.

Im Anfang des Jahres 1896 kam das mercerisierte glanzreiche Garn auf den Markt und erregte sehr großes Aufsehen.

Thomas & Prevost, die keine Ahnung von dem früheren Lowe'schen Patent hatten, glaubten sich durch das obige Patent genügend geschützt. Inzwischen hatte jedoch Lowe gegen das englische Patent von Thomas & Prevost Einspruch erhoben mit der Begründung, daß die gleiche Erfindung schon in seinen beiden Patenten von 1889 und 1890 beschrieben sei, und das englische Patentamt erkannte den Einspruch als berechtigt an. Wohl reichten dann später Thomas & Prevost eine Erklärung von Lowe ein, in welcher letzterer seinen früheren Einspruch bedingungslos zurückzog, mit dem Antrag auf Wiederaufnahme des Verfahrens, weil der Inhalt seiner Patente nicht richtig ausgelegt worden sei, aber die beiden in Betracht kommenden Instanzen in England wiesen das Ersuchen um Wiederaufnahme des Verfahrens ab.

Auch in Deutschland wurde dann auf Grund der Lowe'schen Patente die Nichtigkeitsklage gegen das Patent von Thomas & Prevost erhoben; in einer Entscheidung des Patentamtes vom 9. Juni 1898 wurde derselben stattgegeben und das obige Patent als erloschen erklärt.

Thomas & Prevost legten nun das Hauptgewicht auf die Aufrechterhaltung des nachstehenden Patentes.

Mercerisieren vegetabilischer Fasern in gespanntem Zustande.

Nr. 97 664, Zusatz zum Patent Nr. 85 564, patentiert vom 4. September 1905 ab. Erteilt am 4. April 1898.

Behandelt man Baumwolle (als Garn oder im Stück) mit starken Alkalien oder starken Säuren, so nimmt sie bekanntlich einen matten, lederartigen Glanz an, indem sie zugleich bis zu 25 % einschrumpft (vgl. z. B. Mercer, Engl. Patent Nr. 13 296 vom Jahre 1850, und Lowe, Engl. Patent Nr. 20 314 vom Jahre 1889). Während gewöhnliche Baumwolle unter dem Mikroskop die Form eines an den Seiten umgebogenen, in Abständen gedrehten Bandes zeigt, welches im Schnitt meist ohrförmig aussieht, quillt die Baumwolle bei obiger Behandlung (dem sogenannten Mercerisieren) stark auf und zeigt dann die Form eines vielfach gebogenen und gekrümmten Stabes mit rauher, runzeliger, faltenreicher und unregelmäßiger Oberfläche und mehr oder weniger deutlichem Längsschlitz. Der ovale bis runde Querschnitt besitzt einen radialen Schlitz und häufig eine Erweiterung dieses Schlitzes in der Mitte, welche auch mit radialen Ausläufern versehen ist.

Führt man den Mercerisierprozeß unter Spannung aus,

indem man entweder die Baumwolle in gespanntem Zustande mercerisiert, also am Einlaufen verhindert, oder mercerisierte und eingelaufene Baumwolle nachträglich wieder ausreckt, so können zwei verschiedene Fälle eintreten:

1. Die Kraft, mit welcher die Baumwolle beim Mercerisieren zusammenschrumpft, ist nur relativ gering, das Ausrecken bzw. das Gespannterhalten der Baumwolle beim Mercerisieren läßt sich daher mit den in der Strang- und Stückfärberei zu gleichen Zwecken üblichen Maschinen leicht ausführen. Die ausgestreckte, mercerisierte Baumwolle besitzt dann den gleichen matten, lederartigen Glanz wie die lose mercerisierte Baumwolle. Ebenso ist die mikroskopische Struktur der einzelnen Fasern dieselbe wie diejenige der lose mercerisierten Baumwolle.

2. Die Schrumpfkraft der Baumwolle beim Mercerisieren ist bedeutend und läßt sich durch Anwendung einer Streckkraft, wie sie bisher mit den zu gleichen Zwecken in der Strang- und Stückfärberei üblichen Maschinen bei normalem Gebrauch erzielt worden ist, nicht überwinden. Bei Anwendung einer erheblich stärkeren Streckkraft nimmt dann die einzelne Baumwollfaser unter Änderung der mikroskopischen Struktur eine ganz neue, überraschende Eigenschaft an: einen prachtvollen, bleibenden, seidenartigen Glanz. Unter dem Mikroskop betrachtet, zeigt die Faser die Form eines scharf gestreckten, straffen, geraden, dünnen Stabes mit glatter, regelmäßiger Oberfläche und einem zeitweilig verschwindenden Hohlraum, so daß die Faser das Aussehen eines glatten Rohres erhält. Im Querschnitt erscheint dann die Faser rund, mit einer mehr oder weniger deutlich runden, zentralen Öffnung, die Schlitze sind nicht mehr sichtbar.

Dieser grundsätzliche Unterschied in dem Verhalten der Baumwolle beim Mercerisieren unter Spannung läßt sich folgendermaßen erklären.

1. Der erste Fall tritt stets auf bei Anwendung einer kurzstapeligen, lose gesponnenen, lose oder nicht gezwirnten Baumwolle, also bei einer Baumwolle, deren einzelne Fasern leicht in ihrer Längsrichtung verschiebbar sind. Beim Mercerisieren unter Spannung gleiten nun lediglich die einzelnen Fasern des Baumwollfadens aneinander vorbei, ändern also nur ihre gegenseitige Lage, nicht aber ihre Länge und Struktur. Es ist daher verständlich, daß zu diesem Auseinanderziehen des Baumwollfadens

nur geringe Streckkraft erforderlich ist, und daß die in ihrer Struktur unveränderlich gebliebene Faser die gleichen optischen Eigenschaften (Glanz, Tiefe der Färbung usw.) zeigt wie die lose mercerisierte Baumwolle.

2. Der zweite Fall tritt regelmäßig auf bei Anwendung einer langstapeligen, fest gesponnenen, fest gezwirnten Baumwolle, kurz, bei einer Baumwolle mit fest gelagerter, in Längsrichtung schwer verschiebbarer Faser. Diese fest im Baumwollfaden gelagerten einzelnen Fasern können nun beim Mercerisieren unter Spannung nicht in ihrer Längsrichtung gleiten, sondern werden hierbei selbst gedehnt. Es ist erklärlich, daß zu dieser Dehnung der Einzelfaser eine bedeutend stärkere Streckkraft als zum Ausziehen der Fäden erforderlich ist. Da ferner die Dehnung der einzelnen Faser eine Änderung in ihrer Struktur, speziell eine Glättung der Faseroberfläche in der Längsrichtung und eine erhöhte Durchsichtigkeit, besonders der oberflächlichen Faserschichten, hervorruft, so tritt hierdurch zugleich eine Änderung ihrer optischen Eigenschaften (z. B. ein Hellerwerden der Färbung und eine Reflexion des Lichtes nach Art der Seidenfaser, ein Seidenglanz) ein. Da dieser Seidenglanz nicht auf einer appreturartigen Veränderung der Oberfläche des Baumwollgewebes, sondern auf der chemischen und physikalischen Beschaffenheit der einzelnen Faser beruht, so verschwindet derselbe nicht wieder wie der Appreturglanz bei der üblichen späteren Weiterverarbeitung der Baumwolle.

Die unter 1 gekennzeichnete Modifikation des Mercerisierens von Baumwolle unter Spannung ist bereits im Patent Nr. 85 564 sowie im Englischen Patent Nr. 4452 vom Jahre 1890 beschrieben. Die unter 2 gekennzeichnete Modifikation: die Erzeugung von bleibendem Seidenglanz auf der Baumwollfaser beim Mercerisieren unter Spannung durch Anwendung einer Baumwolle mit fest gelagerter Faser und einer stärkeren Streckkraft, als bisher mit den zu gleichen Zwecken in der Strang- und Stückfärberei üblichen Maschinen bei normalem Gebrauch erzielt worden ist, bildet den Gegenstand der vorliegenden Erfindung.

Die praktische Ausführung der Erfindung, speziell die Fixierung des gespannten Zustandes der unter Anwendung von Spannung mercerisierten Baumwolle, kann, abgesehen von den oben angegebenen neuen Mitteln (Anwendung einer Baumwolle mit festgelagerter Faser und einer zur Überwindung der Schrumpfkraft derselben beim Mercerisieren ausreichenden größeren Streckkraft) so erfolgen, wie in der Englischen Patentschrift Nr. 4452 vom Jahre 1890 beschrieben ist. Die Ausführung des Verfahrens gestaltet sich demnach beispielsweise wie folgt:

Ziemlich langfaserige, fest gesponnene Baumwolle, z. B. Macogarn, wird roh oder vorbehandelt (ausgekocht, benetzt) auf eisernen Stöcken in einer Kufe aus Eisen mit Natronlauge von 25—30° Bé kurze Zeit behandelt, bis sie das bekannte lederartige Aussehen der lose mercerisierten Baumwolle besitzt. Die Zeitdauer der Einwirkung der Natronlauge richtet sich nach der Dicke und Drehung des Fadens und beträgt meist nicht mehr als 10 Minuten. Die mercerisierte und eingelaufene Baumwolle wird durch Zentrifugieren oder Ausquetschen von der überschüssigen Lauge befreit und auf die beiden eisernen Arme einer Streckmaschine gelegt. Sodann läßt man die beiden Arme in gleicher Richtung langsam rotieren und entfernt dieselben mittelst Hebeldrucks oder hydraulischer Kraft allmählich voneinander, bis die Baumwolle die gewünschte Länge, etwa die ursprüngliche des Rohgarns, oder eine größere erreicht hat. Nun spritzt man aus Spritzrohren, welche zwischen den Streckarmen angebracht sind, vorerst wenig Wasser gegen das Garn. Das letztere kann während dieser Verdünnung der Natronlauge noch weiter ausgereckt werden. Die innere Spannung der Baumwolle läßt hierbei allmählich nach und verschwindet bei weiterem Auswaschen vollständig. Zur besseren Entfernung der Lauge aus dem Garn kann auch mit warmem Wasser nachgewaschen werden. Man nähert nun die Streckarme der Maschine wieder einander und nimmt das Garn ab. Dasselbe kann nötigenfalls noch abgesäuert werden.

Stückware läßt man auf einer Klotzmaschine oder einem Jigger durch die Natronlauge laufen, quetscht die überschüssige Lauge aus, bringt die mercerisierte Ware auf eine Spannmaschine, streckt die Stücke bis zu den gewünschten Maßen, verdünnt dann die Lauge durch Besprengen mit Wasser, während die Streckung noch anhält, und entfernt, nachdem die innere Faserspannung nachgelassen hat, die Lauge durch weiteres Waschen oder Absäuern.

Durch das beschriebene Strecken nimmt die noch mit der Lauge benetzte Baumwolle je nach der Stärke der Streckung einen mehr oder weniger großen Seidenglanz an, welcher bei der üblichen Weiterbehandlung der Baumwolle (Bleichen, Färben, Waschen) nicht wieder verschwindet.

Da zur Streckung der Baumwolle nach dem abgeänderten Mercerisierverfahren eine größere Streckkraft erforderlich ist, als bisher mit den in der Strang- und Stückfärberei üblichen Maschinen bei normalem Gebrauch erzielt wird, so sind für die fabrikmäßige Ausführung des Verfahrens stärker konstruierte Maschinen anzuwenden oder die vorhandenen Maschinen entsprechend zu verstärken.

Patentanspruch. „Eine Abänderung des im Patente Nr. 85 564 sowie im Englischen Patent Nr. 4425 vom Jahre 1890 beschriebenen Verfahrens zum Mercerisieren von Baumwolle unter Spannung, dadurch gekennzeichnet, daß die mit Natronlauge durchtränkte Baumwolle einer erheblich stärkeren Streckkraft, als bisher mit den zu gleichem Zweck in der Strang- und Stückfärberei üblichen Maschinen bei normalem Gebrauch erzielt worden ist, ausgesetzt wird, so daß auch langfaserige und stark versponnene Baumwolle auf die ursprüngliche Länge und darüber hinaus gestreckt werden kann und die Faser durch das Mercerisieren unter Spannung infolge Änderung ihrer Struktur einen bleibenden seidenartigen Glanz erhält."

Dieses Patent wurde am 7. Mai 1897 von Thomas & Prevost eingereicht, aber das Patentamt hatte angenommen, es könne ein am 3. September 1895 eingereichtes Patent, welches einen anderen Patentanspruch hatte, durch dieses ersetzen, und so wurde dieses Patent als vom 3. September 1895 datierend ausgegeben.

Bereits in der ersten Auflage des Buches wurde erwähnt, daß dieser Vorgang gewissermaßen darin seine Erklärung findet, daß das Patentamt befugt ist, Ergänzungen der Beschreibung auch während der Verhandlung zu gestatten, aber immer nur in dem der Anmeldung entsprechenden Sinne. Es heißt dort: „Es wäre nun möglich und läge in der Natur der Sache, daß das Patentamt, —von der Ansicht ausgehend, daß die Anmelder zuerst die Herstellung des Seidenglanzes auf Baumwolle erkannt haben und jetzt nun des Patentschutzes verlustig gehen sollen, weil ein gleichlautendes Patent schon früher existierte — ihnen Änderungen in weiterer Form gestattete. Ob dies jedoch viel praktischen

Zweck hat, ist fraglich, denn bei einer etwaigen Nichtigkeitsklage müßte das Patentamt derselben dann schon aus diesem Grunde Folge geben."

Die Nichtigkeit des Patentes wurde dann auch tatsächlich am 24. Januar 1901 ausgesprochen, und zwar indem vorher im März 1900 eine Tatbestandsaufnahme seitens des Patentamtes in Krefeld erfolgte.

Die Gründe der Nichtigkeitserklärung des Patentamtes sind interessant genug, um sie hier wörtlich wiederzugeben, und lauten diese wie folgt:

„Gegenstand der Prüfung und Entscheidung ist, ob das Verfahren, welches im Patent Nr. 97 664 geschützt ist, zur Zeit der Anmeldung im Sinne der §§ 1 und 2 des Patentgesetzes neu und patentfähig war.

Die Anmeldung war am 3. September 1895 dem Patentamte mit folgendem Anspruch eingereicht, welcher auch unverändert ausgelegt worden ist:

„Das Verfahren der Patentanmeldung T. 4457 IV 18 b, dahin abgeändert, daß die vegetabilischen Faserstoffe in Gewebe- oder Strangform ohne Spannung mit Basen oder Säuren behandelt, die eingelaufenen, noch mit der Präparierflüssigkeit benetzten Stoffe auf die ursprünglichen Dimensionen ausgereckt und sodann in gespanntem Zustande gewaschen werden, bis die innere Faserspannung nachgelassen hat."

Der erteilte Patentanspruch lautet wie oben angegeben.

Die „Neuheit" einer Erfindung ist ein relativer Begriff, der notwendig die Beziehung auf einen bestimmten Zeitpunkt in sich schließt. Welches dieser Zeitpunkt ist, geht aus § 2 des Patentgesetzes hervor: Die Erfindung gilt hiernach nicht als neu, wenn sie zur Zeit der auf Grund des Patentgesetzes erfolgten Anmeldung in öffentlichen Druckschriften beschrieben oder im Inland so offenkundig benutzt ist, daß danach die Benutzung durch andere Sachverständige möglich erscheint. Da nun das angefochtene Patent mit Gültigkeit vom 4. September 1895 erteilt ist, so war zunächst zu prüfen, ob der Gegenstand der Anmeldung am Tage derselben — am 3. September 1895 — neu war.

Die ursprünglichen Unterlagen des Patents enthalten keine Angaben über die Erzeugung von Seidenglanz auf Baumwollfäden durch Anwendung einer besonders starken Streckkraft. Sie enthalten ebensowenig etwas davon, daß die Benutzung der Baumwolle, deren Fasern von einer bestimmten Beschaffenheit sind, für die Erreichung des angestrebten Effekts wesentlich ist. Das Wesen der durch den oben wiedergegebenen Anspruch gekennzeichneten Erfindung in ihrer ursprünglichen Form ist vielmehr das Mercerisieren von Baumwolle in ungespanntem Zustande und das Strecken der mit der Präparierflüssigkeit benetzten Garne oder Gewebe auf die ursprünglichen Dimensionen.

Dieses Verfahren war aber am 3. September 1895 nicht neu. Denn es wird in der britischen Patentschrift 4452/1890 in allen seinen Einzelheiten unzweideutig beschrieben. In dieser Patentschrift ist auf S. 1 im dritten und vierten Absatze sowie auf S. 2 im dritten Absatze der complete specification ausdrücklich betont, daß Baumwollwaren, denen die Eigenschaft zukommt, unter der Einwirkung einer starken Lösung kaustischer Soda einzuschrumpfen, selbst nach der in gewöhnlicher Weise erfolgten Laugenbehandlung, d. h. in ungespanntem Zustande, durch nachträgliche Streckung mittels geeigneter Maschinen auf die ursprünglichen Dimensionen zurückgeführt werden können. Übrigens scheint die Firma Thomas & Prevost selbst der Ansicht zu sein, daß der ursprüngliche Anspruch etwas Patentfähiges nicht enthält, wie schon ihre Eingabe zu den Anmeldeakten vom 3. Juli 1896 erkennen läßt.

Hieraus ergibt sich zunächst so viel, daß, wenn auf die Anmeldung vom 3. September 1895 ein Patent erteilt worden wäre, dasselbe jetzt würde vernichtet werden müssen. Das ursprünglich angemeldete Verfahren ist indessen durch das angefochtene Patent nicht geschützt. Die Abänderung des Patents 85 564, welche in dem angefochtenen Patent geschützt sein soll, besteht vielmehr, wie in der Beschreibung des letzteren S. 2, Spalte 2 oben, ausdrücklich angegeben ist, „in der Erzeugung von bleibendem Seidenglanz auf der Baumwollfaser beim Mercerisieren unter Spannung durch Anwendung einer Baumwolle mit festgelagerter Faser und einer stärkeren Streckkraft, als bisher mit den zu gleichen Zwecken in der Strang- und Stückfärberei üblichen Maschinen bei normalem Gebrauch erzielt worden ist.“ Das gleiche ergibt der Anspruch.

Es war deshalb nunmehr zu prüfen, welcher Tag als derjenige anzusehen ist, an welchem das Wesen des Patents, so wie es Gegenstand der Erteilung geworden ist, zur Kenntnis des Patentamts gebracht, also in Wirklichkeit angemeldet wurde.

Die Beklagten machen gegen eine solche Prüfung allerdings geltend, daß im Nichtigkeitsverfahren die Nachprüfung des Anmeldetages eines Patents nicht zulässig sei. Die Erteilung eines Patents sei ein konstitutiver Akt der Staatsgewalt. Für die Umgrenzung des zu schaffenden Rechts sei die Festsetzung des Anmeldetages wesentlich. Der Anfang und das Ende des Rechts sowie die Fälligkeit der Jahresgebühren richteten sich nach diesem Datum. Die für die Erteilung zuständigen Abteilungen hätten sich daher über die Priorität schlüssig zu machen, und es sei im Erteilungsverfahren stets die ausdrückliche Feststellung des Anmeldetages erforderlich. Nach § 19 des Patentgesetzes sei der Anfangstag des Patents in die Rolle einzutragen. Im Patentgesetz finde sich keine Bestimmung, in welcher die nachträgliche Veränderung des Anmeldetages für zulässig erklärt werde; auch sei im § 19 nicht erwähnt, daß eine anderweite Festsetzung in der Patentrolle zu vermerken sei. Es würde zu einer bedenklichen Rechtsunsicherheit besonders mit Rücksicht auf die Fälligkeit der Gebühren führen, wenn die Gerichte zur Prüfung des Anmeldetages befugt seien und zu voneinander abweichenden Ergebnissen kommen könnten.

Diesen Ausführungen der Beklagten konnte indessen nicht beigetreten werden. Wenn auch zuzugeben ist, daß die Erteilung eines Patents von konstitutiver Bedeutung ist, so folgt aus der Erteilung des Patents mit einem bestimmten Datum doch nicht, daß auch der Anmeldetag im konstitutiven Sinne festgelegt werde, so daß vor dem in der Patentschrift erwähnten Datum jede Prüfung haltzumachen hat. Namentlich folgt aus der Eintragung des Tages der Anmeldung in die Patentrolle nicht, daß der dort angegebene Tag ein für allemal feststeht. Es ist allgemein anerkannt, daß die Eintragungen in die Patentrolle nur deklarative, nicht konstitutive Wirkung haben. Die Entscheidung über die Voraussetzungen des § 5 des Patentgesetzes sowie das Erlöschen eines Patents im Falle der unterbliebenen Gebührenzahlung ist Sache der Gerichte, und es erscheint aus inneren Gründen ausgeschlossen, daß das Patentgesetz beabsichtigt haben könnte, die Gerichte an die Bestimmung des Patentamts über den Zeitpunkt der Anmeldung zu binden. Ebensowenig ist eine solche Beschränkung der Prüfung für die Nichtigkeitsabteilung, der im § 10 eine Nachprüfung der Patenterteilung übertragen ist, anzunehmen. Die Nichtigkeitsabteilung hat deshalb auch im vorliegenden Falle keinen Anlaß gefunden, von dem von ihr auch sonst befolgten Grundsatze abzuweichen, daß im Nichtigkeitsverfahren eine Nachprüfung des Anmeldedatums einer patentierten Erfindung zulässig ist. Dieser Grundsatz entspricht zudem den Entscheidungen des Reichsgerichts vom 22. April 1896 („Blatt" 1896, S. 240) und vom 18. September 1897 („Blatt" 1897, S. 241), in denen ausdrücklich in eine Prüfung des aus der Patentschrift ersichtlichen Prioritätsdatums nach der Richtung eingetreten worden ist, ob die Anmeldung an dem betreffenden Tage entsprechend den Vorschriften des § 20 des Patentgesetzes erfolgt ist.

Prüft man nun, an welchem Tage das, was in dem angefochtenen Patent geschützt ist, zuerst dieser Vorschrift gemäß in den Unterlagen erwähnt ist, so käme zunächst die Einspruchserwiderung vom 4. April, eingegangen am 7. April 1896, in Betracht.

Hier ist von den „stark gezwirnten Garnen" die Rede, welche in der Beschreibung des angefochtenen Patents (S. 2 zu Nr. 2 der Patentschrift) erwähnt werden. Auch des Seidenglanzes geschieht Erwähnung, welchen die nach dem angemeldeten Verfahren mercerisierte Baumwolle (sei es als Garn, oder in Gewebeform) erhalte; es werden die Vorzüge des entsprechend der Anmeldung behandelten Materials gegenüber demjenigen, welches nach dem bekannten Verfahren behandelt sei, eingehend erörtert. Allein auch in dem Schriftsatz vom 4.—7. April 1896 wird noch als das wesentliche Merkmal des angemeldeten Verfahrens das Ausrecken der mercerisierten Faser vor dem Auswaschen bezeichnet. Aus der gelegentlichen Bemerkung ‚daß „60 er" Garn verwendet wird, kann nicht gefolgert werden, daß Anmelderin in Erkenntnis dessen, was später Gegenstand des Schutzes wurde, Baumwolle von einer bestimmten Beschaffenheit verwendet wissen will. Selbst wenn aber die Anmelderin schon im Besitze der Erfindung war, so hat sie dieselbe doch noch nicht im Sinne des § 20 des Patentgesetzes beschrieben, auch nicht den Anspruch darauf gerichtet. Auch von der Anwendung einer stärkeren Streckkraft ist in diesem Schriftstück nicht die Rede. Vielmehr steht die Firma Thomas & Prevost bei dieser Beschreibung der Erfindung noch völlig auf dem Boden der ursprünglichen Anmeldung, so daß, wenn das Patent gemäß dieser Beschreibung erteilt wäre, aus den oben erörterten Gründen auch in diesem Falle das britische Patent von Lowe (Nr. 4452/90) zur Vernichtung des Patents führen müßte.

In Wirklichkeit sind aber die in der Patentschrift angegebenen besonderen Merkmale der Erfindung, nämlich die Anwendung einer mehr als gewöhnlichen Streckkraft zu dem Zwecke, unter Änderung der Struktur der Faser Seidenglanz zu erzeugen, wobei langfaserige und stark versponnene Baumwolle notwendig oder — vgl. den Anspruch des Patents — doch besonders brauchbar ist, im Zusammenhange erst in der Eingabe vom 7. Mai 1897, in welcher die Firma Thomas & Prevost auf die im Beschwerdeverfahren ihr entgegengehaltene britische Patentschrift Nr. 18 119/90 sich äußert, angegeben.

Wird hiernach der 7. Mai 1897 als Anmeldetag des angefochtenen Patents, so wie es erteilt ist, zugrunde gelegt, so muß auch unter dieser Voraussetzung das Patent für nichtig erklärt werden, da auf Grund des Ergebnisses der Beweisaufnahme die klägerische Behauptung für erwiesen anzunehmen ist, daß das Wesentliche des angefochtenen Patents vor dem 7. Mai 1897 offenkundig ausgeführt worden ist. Dies ist im folgenden näher zu erörtern.

Nach der Patentschrift 97 664 kommen, wie bemerkt, als Mittel für den erstrebten Zweck der Erzielung von Seidenglanz in Betracht — außer der bekannten Behandlung der Baumwolle mit Natronlauge:

1. die Stärke der Streckkraft;
2. die Qualitität der Baumwolle nach dem Stapel (der Länge der Faser) und der Zwirnung.

Es war demgegenüber nun zunächst zu erwägen, daß, wenn es sich darum handelt, Garne, welche eine sehr starke Schrumpfung erlitten haben, wieder auszurecken, in der Anwendung einer entsprechend großen Streckkraft behufs Ausgleichung des Verlustes der Länge an sich ein erfinderisches Merkmal nicht liegt. Es kann sich vielmehr nur darum handeln, ob die Anwendung besonderer Streckkraft zur Herstellung von Seidenglanz auf Baumwollfasern am 7. Mai 1897 eine neue Erfindung war.

Diese Frage ist zu verneinen.

Nach der eidlich bekräftigten und bezüglich der Glaubwürdigkeit einwandfreien Aussage des Zeugen Pannes ist in der von ihm geleiteten Fabrik auf Grund der durch die Patentschrift Nr. 85 564 sowie mündlich von Herrn Thomas gegebenen Anregung im Sommer 1896 und Anfang des Jahres 1897 „ein schöner Seidenglanz“ auf Baumwollfäden erzeugt worden, welche in gespanntem Zustande mercerisiert wurden. Zum Ausspannen ist dieselbe Maschine benutzt worden, mit welcher am 28. März 1900 die Kläger, Gebr. Kleinewefers, ihre Versuche der Nichtigkeitsabteilung vorgeführt haben.

Der Zeuge Buchholz bestätigt die Angaben von Pannes. Ferner sind nach den eidlich bekräftigten und glaubwürdigen Aussagen von Goetz und Metzner 1896 bei der Firma Schlösser & Sohn baumwollene Stückwaren behufs Erzielung von Seidenglanz auf bereits vorhandenen Maschinen mercerisiert und gespannt worden. Die Zeugen Knauf und Korthaus, Färbermeister bzw. Färbergeselle bei der Firma Hoelken & Co. in Barmen, bekunden gleichfalls, daß in der Fabrik dieser Firma Ende 1896 unter Verwendung einer schon etwa 10 Jahre in Benutzung befindlichen Baumwollappreturmaschine Seidenglanz auf Baumwollgarn erzeugt worden ist. Ähnliches bekundet der Zeuge Minhorst, Färbermeister der Firma vorm. Zinn & Hackenberg in Barmen, bezüglich dieser Firma, und die Zeugen Muthen, Greven und Schroers bezüglich der Firma Friedrich Heisen in Krefeld. In allen Fällen ist verkaufsfähige Ware erzielt und meist auch die Ware abgesetzt worden.

Bei diesem Ergebnis der Beweisaufnahme kann es als etwas Neues nicht angesehen werden, daß die mit Natronlauge behandelte Baumwolle zur Erzielung des Seidenglanzes einer erheblich größeren Streckkraft „als bisher üblich" ausgesetzt wird. Die Worte „als bisher üblich" können, sofern sie überhaupt geeignet sind, das Maß einer Kraft zu kennzeichnen, nur mit Beziehung auf ein bestimmtes Datum verstanden werden. Dieses kann nach dem, was oben erörtert worden ist, nur der 7. Mai 1897 sein. Damals aber war die Anwendung einer solchen Streckkraft, wie sie geeignet war, Seidenglanz auf der mit Natronlauge behandelten Baumwolle hervorzubringen, in den genannten 5 Färbereien an sich möglich und auch in Anwendung. Hiermit steht im Einklang, daß auch bei den Versuchen in Krefeld, auf der vorgeführten Kleineweferschen Maschine Seidenglanz hat erzielt werden können. Wenn seitens der Beklagten geltend gemacht wird, daß eine sehr starke Inanspruchnahme (ein „Mißhandeln") der Maschine stattgefunden hat, um den Seidenglanz zu erzielen, und daß die zu diesem Zweck verwendeten Maschinen sonst für die Seidenappretur verwendet worden sind, so können hieraus aus folgenden Gründen Schlußfolgerungen zugunsten der Aufrechterhaltung des Patents Nr. 97 664 nicht gezogen werden.

Der Behauptung gegenüber, es sei die Streckmaschine der Gebr. Kleinewefers, um den Seidenglanz hervorzurufen, übermäßig beansprucht worden, ist zunächst daran zu erinnern, daß das Aufbringen der mit Lauge durchtränkten Garne auf die fragliche Lüstriermaschine am 28. März 1900 nur bei der Anwendung von Sea-Island-fest-Garnen wegen ihrer starken Schrumpfung zufolge der vorgängigen Laugenbehandlung ersichtlich mit besonderer Schwierigkeit erfolgte. Unstrittig ist die Entstehung von Seidenglanz beim Mercerisieren der Garne unter Spannung aber nicht an die Benutzung dieser einen, überdies stark gedrehten Baumwollsorte gebunden; denn zur Seidenglanzerzeugung eigneten sich, wie noch weiterhin darzulegen ist, auch die lose gedrehten Sea-Island- und die Macogarne in hervorragendem Maße. Aus dem schweren Aufbringen der Sea-Island-fest-Garne allein läßt sich also nicht der Schluß ziehen, daß im allgemeinen ein anormaler Gebrauch jener Maschine stattgefunden hat.

Das gleiche Resultat ergibt sich hinsichtlich der gerügten Bepackung der Streckwalzen der Kleineweferschen Maschine. Wenn auch zugegeben werden kann, daß diese Maschine am 28. März 1900 bei voller Bepackung besonders mit festgedrehten Maco- und Sea-Islandgarnen über die Sicherheitsgrenze hinaus belastet wurde, so darf doch nicht verkannt werden, daß ein Kenner der Maschine und ihrer beschränkteren Leistungsfähigkeit bei regelrechtem Betriebe von einer vollen Bepackung der Streckwalzen Abstand genommen hätte und zu einer Teilbepackung übergegangen wäre, welche der Maschine unzweifelhaft nicht geschadet hätte. Übrigens kann schon aus allgemeinen Gründen in der stärkeren Beanspruchung einer Maschine auf Kraft „als bei normalem Gebrauch" ein erfinderisches Moment nicht liegen, wenn die Art der Verwendung mit derjenigen, welche Zweckbestimmung der Maschine ist, sonst identisch ist. Ebensowenig erscheint der Einwand begründet, daß die etwaige Fähigkeit von Seidenappreturmaschinen für den vorliegenden Zweck der erhöhten Streckung nicht in Betracht gezogen werden dürfe, da es sich hier um die Bearbeitung von Baumwollfäden handele. Denn die Zeugen Buchholz und Knauf haben ausdrücklich bekundet, daß von ihnen Baumwollappreturmaschinen verwendet worden sind.

Was sodann die Art der Baumwolle betrifft, deren Verwendung behufs Erzielung des gewünschten Effekts nach dem Anspruch des angefochtenen Patents gleichfalls ein Kennzeichen der Erfindung sein soll, so geht aus den Aussagen von Heinrich Schroers, Pannes, Goetz und Metzner hervor, daß in den betreffenden Färbereien ägyptische (Maco-) Baumwolle verarbeitet ist. Schon 1896 war es bekannt, daß ein desto besserer Glanz erzielt wurde, je edler das Material, d. h. je länger die Faser der verwendeten Baumwollsorte war. Bei der Anwendung solchen Materials sind aber besondere Schwierigkeiten nicht zu überwinden gewesen.

Wenn schließlich in der Patentschrift bezüglich des Seidenglanzes von der erfolgreichen Verwendung stark versponnener Garne die Rede ist, so ist durch das Ergebnis der in Krefeld vorgenommenen Versuche erwiesen, daß diese Angabe tatsächlich unzutreffend ist. Denn es ist, wie auch von der beklagten Firma zugegeben ist, durch die Beweisaufnahme in Krefeld festgestellt worden, daß nicht der Draht, sondern in erster Linie die Stapellänge des Baumwollfadens einen bestimmenden Einfluß auf die Entstehung des Seidenglanzes beim Mercerisieren unter Spannung ausübt. In der Tat nahmen von den den Versuchen unterworfenen Garnen nur Ostindisch-lose (O. l. gezeichnet) und Ostindisch-fest (O. f. gezeichnet) sowie Louisiana-kurz (L. k. gezeichnet) hierbei keinen Seidenglanz an, während ihn alle übrigen aus langstapeliger Baumwolle versponnenen Garne in mehr oder weniger erheblichem Grade zeigten. Insbesondere hat sich zwischen Macogarnen, ob fest oder lose gedreht, ebenso wie bei den Sea-Islandgarnen ein Unterschied nicht feststellen lassen.

Dies wird auch durch die Aussagen der Zeugen bestätigt. So hat der Zeuge Heinrich Schroers ausdrücklich bekundet, daß der Seidenglanz um so besser ist, je loser das Garn gezwirnt ist, so daß soft soft Ware den besten, soft Ware einen minder guten, Kettenzwirn gar keinen Seidenglanz ergibt. Hieraus folgt, daß auch in der Aufwendung stark versponnener Baumwolle zur Erzeugung von Seidenglanz ein Merkmal der Erfindung nicht anerkannt werden kann.

Es bleibt sonach nur noch die Frage übrig, ob auch die Offenkundigkeit des nach der Mitteilung der Zeugen 1896 und 1897 angewendeten Verfahrens für erwiesen erachtet werden kann. Auch in diesem Punkte bestehen für die Nichtigkeitsabteilung keine Zweifel. Nirgends, weder in der Färberei von Heisen, noch in der der Gebr. Pannes, noch bei Schloesser & Sohn in Elberfeld, noch bei Hoelken & Co. in Barmen, noch bei Zinn & Hackenberg waren Vorkehrungen getroffen, um die Geheimhaltung des dort geübten Verfahrens zu gewährleisten. Eine Verpflichtung für die Arbeiter, über das, was in der Färberei zu ihrer Kenntnis kam, Stillschweigen zu beobachten, hat nicht bestanden. Wenn nun auch nicht nachgewiesen ist, daß das Verfahren in seinen Einzelheiten weiteren Personen mitgeteilt worden ist, so bestand doch keinerlei tatsächliche Schranke, daß das Verfahren Allgemeingut wurde. Erst die Patenterteilung und die den Beklagten dadurch gegebene Sonderberechtigung hat diese Entwickelung aufgehalten. Indessen war damals die Grenze interner Benutzung im engeren Kreise bereits überschritten, so daß für ein patentrechtliches Sondereigentum kein Platz mehr war.

In dem Verfahren vor der Nichtigkeitsabteilung ist nicht zu würdigen, welche wirtschaftlichen Verdienste der Beklagten für die Auffindung und gewerbliche Nutzbarmachung des patentierten Verfahrens zukommen. Vom Standpunkte des Patentgesetzes mußte das Patent Nr. 97 664 für nichtig erklärt werden."

Die Firma Thomas & Prevost appellierte dann an das Reichsgericht, aber dieses hat am 12. Februar 1902, wie dies nicht anders zu erwarten war, die Nichtigkeit des Patentes bestätigt.

Die Entscheidungsgründe des Reichsgerichts nur in kurzem wiedergegeben sind die folgenden: Gleich in der Einleitung sagt dieses:

„Es ist nicht erforderlich, die Gründe, die das Patentamt zur Vernichtung des angefochtenen Patents geführt haben, im einzelnen nachzuprüfen, da sich die Bestätigung dieser Entscheidung schon daraus mit Notwendigkeit ergibt, daß das Erteilungsverfahren an einem wesentlichen Formmangel leidet, so daß ein gültiges Patent überhaupt nicht als erteilt gelten kann."

Ferner heißt es am Schluß:

„Im Hinblick darauf, daß im Laufe des an die Veröffentlichung der Patentanmeldung sich anschließenden Einspruchs- und Beschwerdeverfahrens die Fassung des Patents und insonderheit des Patentanspruchs nicht selten Änderungen unterzogen wird, sind Fälle denkbar, wo es schwierig sein mag zu entscheiden, ob sich das erteilte Patent noch innerhalb der veröffentlichten Anmeldung hält oder nicht. Der vorliegende Fall bietet keinen Anlaß, die hier zu ziehende Grenze schärfer abzustecken. Denn nach dem bereits Bemerkten kann es keinem Zweifel unterliegen, daß das Patent Nr. 97 664 im Vergleiche mit der Ende 1895 ausgelegten Anmeldung sich nicht etwa als eine Klärung der ursprünglichen Beschreibung oder als eine Klärung der ursprünglichen Erfindung oder auch nur als eine Fortentwickelung aus einem vorhandenen Keime darstellt, daß vielmehr ein völlig Neues an die Stelle eines aufgegebenen Alten gesetzt ist, und zwar im vollen Umfange des Gegenstandes der Erfindung.

Ob die Beschwerdeabteilung nach der völligen Veränderung der Unterlagen für das nachgesuchte Patent in der Lage gewesen wäre, durch Veranlassung einer neuen Veröffentlichung oder durch Zurückverweisung der Sache an die Anmeldeabteilung dem Anmelder daraufhin noch zu einem gültigen Patente zu verhelfen, braucht nicht geprüft zu werden, weil derartiges nicht geschehen ist. Das eingeschlagene Verfahren verletzt jedenfalls wesentliche Vorschriften des Gesetzes. Schon die Anmeldeabteilung hätte im Einspruchsverfahren dem Patente nicht die vorliegende Fassung geben dürfen, die es gegenüber der veröffentlichten Anmeldung zu einem völligen aliud stempelt. Erst recht aber dürfte diese Verwandlung nicht im Beschwerdeverfahren bewirkt werden.

Fehlt es an der sachlichen Übereinstimmung zwischen Anmeldung und Erteilungsbeschluß, so steht der Richter — wie bereits in der vorhin angezogenen Entscheidung des Reichsgerichts bemerkt worden ist — dem mit einem wesentlichen Entstehungsmangel behafteten Patente ähnlich gegenüber wie einem nicht verfassungsmäßig zustande gekommenen Gesetze. Sowohl für den von den ordentlichen Gerichten zu entscheidenden Patentverletzungsstreit wie für das in den §§ 28 ff. des Patentgesetzes geregelte Verfahren wegen Erklärung der Nichtigkeit oder wegen Zurücknahme eines Patents bildet es eine von Amts wegen zu prüfende Vorfrage, ob ein von der zuständigen Behörde in den gesetzlich vorgeschriebenen Formen erteiltes Patent vorhanden ist. Mag diese Vorfrage auch in vielen Fällen wegen des öffentlichen Glaubens, den die Behörden genießen, und wegen der für die Gesetzmäßigkeit ihres Handelns sprechenden Vermutung lediglich auf Grund der gedruckten Patentschrift als im bejahenden Sinne erledigt betrachtet werden, so ändert das doch nichts daran, daß, wenn in einem gegebenen Falle Bedenken nach dieser Richtung hin durch die Parteiangaben oder den Akteninhalt nahegelegt werden, die Vorfrage besonders geprüft und entschieden werden muß. Wird sie verneint, so wird im Patentverletzungsprozesse die Klage auf Untersagung oder Schadenersatz abzuweisen, im Nichtigkeitsverfahren aber wird auf Vernichtung des Scheinpatents zu erkennen sein, obschon § 10 des Patentgesetzes diesen Fall nicht vorsieht. Die hier erwähnten besonderen Fälle der Nichtigerklärung eines Patents, die sich auf das Vorhandensein der materiellen Voraussetzungen eines gültigen Patentrechts in objektiver und in subjektiver Hinsicht beziehen, bedurften einer besonderen gesetzlichen Erwähnung und Ausprägung. Daß ein mit einem wesentlichen formellen Entstehungsmangel behaftetes Patent für nichtig erklärt werden kann und muß, ist selbstverständlich und bedurfte keiner Erwähnung."

Durch diese Entscheidungen war das Mercerisieren in gestrecktem Zustande völlig freigegeben, bzw. nachdem es viele voraussehen konnten, daß eine Patentierung dochnicht mehr möglich sein wird, übtensie das Mercerisieren anstandslos auch schon während des Patentstreites aus.

Wenn so auch Thomas & Prevost vom patentrechtlichen Standpunkte aus das Erfinderrecht nicht zugesprochen werden konnte — und dabei ist es ganz nebensächlich, ob dies durch die Verhältnisse bedingt oder durch die Führung der Patentangelegenheit verursacht wurde — so ist es anderseits doch nicht fraglich, daß Thomas& Prevost die Erfinder der Herstellung der seidenglänzenden Baumwolle sind.

Ihnen gebührt das große Verdienst, eine neue Industrie, die hunderte Millionen neue Werte schaffen konnte, ins Leben gerufen zu haben, und ihre Erfindung kann zu den bedeutendsten der Textilindustrie gezählt werden.

II. Die weiteren Patente der Mercerisation vom Jahre 1896 bis Ende 1911.

Die Wichtigkeit der neuen Erfindung machte sich in erster Linie darin geltend, daß sie zu einer großen Anzahl Patente führte, die teils von großen, teils aber auch von nur geringem Wert waren.

Bei der Wiedergabe dieser sollen die Patente, die sich auf eine Abänderung des Mercerisierverfahrens beziehen, mit einigen erläuternden Worten begleitet sein, während bei den folgenden Abteilungen die Anführung der Patente selbst hinreichend erscheint:

Patente über Garn-Mercerisierungs-Maschinen
„ „ Stück-Mercerisierungs-Maschinen
„ „ das Mercerisieren von Ketten
„ „ das Mercerisieren von Wirkwaren
„ „ das Mercerisieren von loser Baumwolle und Kardenband.

Patente, die sich auf eine Abänderung des Mercerisierverfahrens beziehen.

G. F. Dietrich & O. Seyffert-Glauchau.

D.R.P. Nr. 120 576 vom 9. VII. 1896.
Engl. Patent Nr. 28 876 vom 16. XII. 1896.

Die Baumwolle wird erst mit kalter Natronlauge behandelt, dann auf einem Streckhaspel getrocknet und nach dem Trocknen wie üblich gespannt.

Es handelt sich mehr um eine Umgehung des normalen Verfahrens, aber immerhin kann diese Arbeitsweise in einzelnen Fällen in Betracht kommen.

F. A. Bernhardt-Zittau.

D.R.P. Nr. 128 284 vom 15. VII. 1896.
Engl. Patent Nr. 16 840 vom 29. VII. 1896.

Die Gewebe werden während der Mercerisation und der darauf folgenden Neutralisation einem rollenden Druck bis zum Eintreten eines seidenähnlichen Aussehens unterworfen.

Das Verfahren erschien im Anfang sehr aussichtsvoll, doch zeigte es sich später, daß der Glanz nicht in der gleichen Güte erreicht werden kann, als wenn die Ware auf dem Spannrahmen gestreckt wird.

Dagegen wird der rollende Druck beim Imprägnieren der Gewebe mit Natronlauge noch heute vielfach mit Vorteil benutzt.

J. P. Bemberg, A.-G.-Barmen-R.

D.R.P. Nr. 112 773 vom 25. VIII. 1896.

Die mit schwacher Natronlauge (10—12° Bé) behandelte Baumwolle wird auf eine Spannvorrichtung aufgebracht und so einer Temperatur unter 0° ausgesetzt.

Das Verfahren hatte keinen besonderen Wert, denn wenn es auch bekannt ist, daß das Mercerisieren bei niedriger Temperatur günstiger vor sich geht, so ist doch auch dann eine viel stärkere Lauge als die oben angegebene erforderlich.

Dr. A. Liebmann-Manchester.

Engl. Patent Nr. 19 633 vom 5. IX. 1896.

Das Patent beansprucht die Erfindung, daß ägyptische oder Sea Island-Baumwolle zum Mercerisieren verwendet wird.

Es war dies die nächstliegende Taktik, um die vorhandene Lücke in den Patenten von Lowe und Thomas & Prevost auszufüllen. Nachdem es jedoch zur Zeit der Anmeldung schon bekannt war, daß vorwiegend Makogarn verwendet wird, war das Patent wertlos.

Thomas & Prevost-Krefeld.

Franz. Patent Nr. 259 625 vom 11. IX. 1896.
Engl. Patent Nr. 20 714 vom 18. IX. 1896.

Es werden die verschiedenen Möglichkeiten des Mercerisierens und Streckens beschrieben.

F. W. Scheulen-Unter-Barmen.

D.R.P. Nr. 109 607 vom 24. X. 1896.

Die Gespinste oder Gewebe werden wenige Minuten lang der Einwirkung von starker Salpetersäure (42—44° Bé) unterworfen, wobei nur ein sehr geringes Strecken erforderlich ist.

Angeblich soll nach dem Verfahren auch mercerisiert worden sein. Fraglos ist jedoch, daß die Arbeitsweise gegen das Mercerisieren mit Natronlauge unvergleichlich umständlicher ist.

Farbenfabriken vorm. Friedr. Bayer & Co.-Elberfeld. — D.R.P. Nr. 99 337 vom 20. XII. 1896.

Verfahren zum gleichzeitigen Färben und Mercerisieren von Baumwolle. Es sollten vornehmlich die verschiedenen Schwefelfarbstoffe im Natronlaugebad gelöst Anwendung finden, doch konnte diese Vereinfachung bisher nirgends zur Anwendung gelangen.

Farbwerke vorm. Meister Lucius & Brüning-Höchst a./M. — D.R.P. Nr. 103 041 vom 23. XII. 1896.

Topische seidenartige Effekte auf Gewebe werden dadurch erzielt, daß man vorher entweder verdickte kaustische Lauge oder eine mit Farbstoffen versetzte Reserve aufdruckt und dann in gespanntem Zustande mercerisiert.

Joseph Schneider-Hrdly-Theresienstadt. — D. A. Nr. 12 196 vom 28. XII. 1896 (Patent wurde versagt).

Statt Natronlauge wird die Benutzung von Schwefelalkalium oder Schwefelnatrium empfohlen; außerdem die Mitanwendung von Alkohol, Benzol und seinen Homologen, Anilinöl, Petroleum oder Terpentinöl.

E. W. Friedrich-Chemnitz. — D. A. Nr. 9620 vom 15. I. 1897. D. A. Nr. 10 798 vom 31. III. 1898. D.R.P. Nr. 120 344 vom 27. II. 1898. Franz. Patent Nr. 268 971 vom 22. VII. 1897.

Die Behandlung mit Lauge oder Säure erfolgt in ungespanntem Zustande und wird dann in gespanntem Zustande der Einwirkung von Gasen ausgesetzt, welche das mercerisierende Mittel neutralisieren.

Karl Ahnert-Barcelona. — D. A. Nr. 5109 vom 5. II. 1897 (Patent wurde versagt).

Die Baumwolle wird erst mit einer starken Seifenlösung behandelt, darauf mit Ätzkali oder Ätznatron mercerisiert.

Eine Wirkung kann dem vorherigen Seifen natürlich nicht zugemessen werden.

Franz. Patent Nr. 263 912 vom 10. II. 1897.

Paul Dosne-Aglié i. Italien.

D.R.P. Nr. 95 482 vom 19. II. 1897.

Es werden Moirée-Effekte dadurch erzielt, daß man auf Gewebe gleichbreite Streifen in verschiedenen Farben aufdruckt, darüber dann Reserven in Streifen, die beim Drucken sich verschieben. Das so behandelte Gewebe wird dann mercerisiert.

Soc. An. des Blanchiments, Teinture et Impression-Paris.

Franz. Patent Nr. 264 546 vom 1. III. 1897.

Um das Einschrumpfen der Baumwolle zu verhüten, werden der Natronlauge Äther, Alkohol, Kohlenwasserstoffe usw. zugegeben.

In zwei weiteren französischen Zusatzpatenten vom 28. IV. 1897 und 2. VI. 1897 werden für den gleichen Zweck Schwefeläther, Rhodan-Ammonium, Azeton und Glyzerin empfohlen.

Société Eugène Crépy-Lille.

Engl. Patent Nr. 9056 vom 9. IV. 1897.

Die Natronlauge wird auf die Oberfläche der Garne oder Gewebe auffließen gelassen.

Giovanni Tagliani-Mailand.

D.R.P. Nr. 107 916 vom 18. IV. 1897.
Franz. Patent Nr. 287 814 vom 13. IV. 1899.

Das Baumwollgewebe wird einseitig mit konzentrierten Ätzalkalilaugen mit oder ohne Zusatz von solchen Metalloxyden, die in Gegenwart von Glyzerin in Ätzalkalien löslich sind, gepflatscht.

Das Verfahren hat speziell in der Indigofärberei ziemliche Bedeutung erlangt, indem durch das einseitige Pflatschen mit Natronlauge wesentlich tiefere Färbungen erzielt werden.

Die Apparate zum einseitigen Pflatschen oder einseitigen Mercerisieren der Baumwollgewebe werden von der Firma J. P. Bemberg, A.-G.-Barmen geliefert.

Farbwerke vorm. Meister, Lucius & Brüning-Höchst a./M.

D.R.P. Nr. 98 601 vom 25. IV. 1897.

Der zum Mercerisieren dienenden Lauge wird Alkalisilikat zugesetzt, wodurch das Einschrumpfen der Garne verhindert wird.

Später hat es sich dann gezeigt, daß, um den entsprechenden Glanz zu erreichen, ein Einschrumpfen bzw. ein Strecken der Baumwolle direkt erforderlich ist, so daß alle ähnlichen Zusätze nur von geringerem Werte sind.

Farbwerke vorm. Meister, Lucius & Brüning-Höchst a./M. — Engl. Patent Nr. 11 313 vom 6. V. 1897.

Das Gewebe wird, ohne zu strecken, gleich nach der Natronlauge-Passage mit starker Pression durch zwei Walzen passiert. Der Lauge wird Britishgum oder Wasserglas zugesetzt.

Dollfus Mieg & Co.-Mülhausen i. Els. — Franz. Patent Nr. 267 459 vom 4. VI. 1897.

Das mercerisierte Garn wird naß gestreckt und unter starker Spannung getrocknet.

Joseph Schneider-Hrdly-Theresienstadt. — D.R.P. Nr. 134 449 vom 25. VI. 1897.

Der zum Mercerisieren dienenden Lauge werden Methyl- oder Äthylalkohol, Benzol und seine Homologen, Anilinöl, Petroleum oder Terpentinöl zugesetzt.

Das Verfahren von Schneider wird wohl nicht allgemein angewandt, aber es ist fraglos, daß durch diese Zusätze das Eindringen der Natronlauge in die Faser erleichtert, so daß beim Mercerisieren vielfach der Natronlauge etwas Alkohol beigefügt wird.

Georges Bonbon. — Franz. Patent Nr. 269 138 vom 28. VII. 1897.

Die mit Natronlauge behandelte Baumwolle wird 12—24 Stunden liegen gelassen.

Auguste & Henry Pinel. — Franz. Patent Nr. 269 380 vom 6. VIII. 1897.

Auch hier werden Alkohol oder andere klebrige Substanzen dem Natronlaugebade zugeführt.

Société F. Vanoutryve & Co.-Roubaix. — D.R.P. Nr. 109 937 vom 25. VIII. 1897. Franz. Patent Nr. 269 550 vom 11. VIII. 1897.

Die mit Natronlauge behandelte Ware wird in gespanntem Zustande gedämpft.

Ergänzend sei hier beigefügt, daß das Dämpfen, welches auch von anderen vielfach empfohlen wurde, keine besondere Wirkung hat.

Farbenfabriken vorm. Friedr. Bayer & Co.-Elberfeld.

D. A. Nr. 10 126 vom 18. VIII. 1897.

Um das Einschrumpfen der Garne zu verhindern, wird der Natronlauge Glyzerin zugegeben. Bei 2 Teilen Natronlauge 38° Bé und 1 Teil Glyzerin erfährt die Baumwolle keine Einschrumpfung.

Bezüglich der Wirkung des Glyzerins sei auf die Besprechung des Höchster Patentes S. 39 verwiesen.

Henri David-Paris.

Franz. Patent Nr. 270 437 vom 13. IX. 1897.

Die mit Natronlauge behandelten Textilstoffe werden mittels Kohlensäure gesättigt.

Société Meyer Frères-Paris.

Franz. Patent Nr. 270 670 vom 22. IX. 1897.

Das Mercerisieren soll unter Vakuum ausgeführt werden.

Ferdinand Mommer & Co.-Barmen.

D.R.P. Nr. 100 701 vom 24. XII. 1897.

Wenn Baumwollstoffe oder Wirkwaren mit bunten Effekten der Behandlung mit Natronlauge unterworfen werden, so würden selbst die echtesten Effekten abfärben. Um dies zu verhindern, werden die als Effektfäden dienenden Garne vor dem Verweben mit Albumin präpariert und gedämpft.

Das Verfahren kam nicht zur Anwendung, weil es sich gezeigt hat, daß wenn das Mercerisieren entsprechend modifiziert wird, der größte Teil der Färbungen anstandslos für Effekte benutzt werden kann und diese das Mercerisieren tadellos aushalten. (Siehe Abschnitt IV: Das Mercerisieren von Geweben mit farbigen Effekten.)

Hermann Gassner-Bludenz.

D.R.P. Nr. 113 929 vom 30. III. 1898.

Nach dem Mercerisieren in gespanntem Zustande und nach dem Spülen wird die Baumwolle nochmals gestreckt und in gestrecktem Zustande getrocknet, wodurch ein erhöhter Glanz erzielt wird. Soweit wir informiert sind, wurde nach dem Gassnerschen Verfahren längere Zeit in einer sächsischen Fabrik gearbeitet. Das so hergestellte Garn war sehr glänzend, aber es hatte nicht ganz die Elastizität der normal mercerisierten Garne.

Max Schütze-Berlin.

D.R.P. Nr. 128 475 vom 20. IV. 1898.

Das Verfahren besteht darin, daß das Garn nicht nur unter Spannung mercerisiert, sondern auch gleichzeitig während der Spannung sozusagen übergedreht und nachträglich wieder aufgedreht wird.

Eine Verbreitung dürfte das Verfahren nicht erlangt haben.

Julius Wilde-Berlin.

D.R.P Nr. 110 184 vom 3. V. 1898.

Die Baumwolle wird erst in einer 20 bis 50 proz. Lösung von Türkischrotöl und dann erst mit Natronlauge behandelt, wodurch ein Einschrumpfen verhindert wird.

Auch hier sei bezüglich der Wirkung auf die Besprechung der Patente von Höchst und Bayer auf S. 39 bzw. 40 verwiesen.

J. P. Bemberg-Oehde b. Barmen.

D.R.P. Nr. 133 456 vom 17. VIII. 1898.

Die Baumwolle wird zuerst mit Chlorkalk oder anderen oxydierend wirkenden Bleichmitteln behandelt, und zwar indem diese viel stärker als beim normalen Bleichen zur Anwendung gelangen; so beispielsweise mit eine Lösung von 2° Bé bei 40° C. Nachher wird die Baumwolle wie üblich unter Spannung mercerisiert.

Es soll dadurch der Baumwolle ein hartes, steifes, der Leinenfaser ähnliches Aussehen gegeben werden.

Das Verfahren konnte sich bisher nicht einführen.

Heberlein & Co.-Wattwil (Schweiz).

D. A. Nr. 21 427 vom 31. XII. 1898.

Engl. Patent Nr. 27 529 von 1898.

Das Mercerisieren wird in der Weise vorgenommen, daß Stärke oder Leim der Natronlauge zugesetzt wird, um Steife neben Glanz zu erzielen.

Das Patent wurde in Deutschland versagt.

Badische Anilin- & Sodafabrik - Ludwigshafen.

D.R.P. Nr. 110 633 vom 3. I. 1899.

D.R.P. Nr. 117 249 vom 5. III. 1899.

Rohe Halbseidenstoffe werden mit Alkalilauge unter Zusatz von Traubenzucker oder Glyzerin behandelt, wodurch einerseits Entbastung der Seide, andererseits ein Mercerisieren der Baumwolle erfolgt.

Das Verfahren findet keine Anwendung, weil vorgezogen wird, die Operation getrennt vorzunehmen.

Fischer & Rosenfelder-Reutlingen.

D.R.P. Nr. 113 928 vom 7. II. 1899.

Die Baumwolle wird erst ohne starkes Strecken mercerisiert, dann nach dem Spülen in ungestrecktem Zustande ca. $^3/_4$ Stunden unter Druck gedämpft.

Eine geringe Wirkung des Dämpfens unter Druck ist wohl vorhanden, aber diese reicht nicht hin, um das Strecken entbehrlich zu machen.

Gustave Georges Capron-Antwerpen.

D.R.P. Nr. 117 733 vom 10. XII. 1899.
Franz. Patent Nr. 306 837 vom 4. I. 1901.

Um mercerisierte Baumwollsamte herzustellen, wird das Gewebe nach dem Fertigweben, aber vor dem Aufschneiden der Florschlinge mercerisiert.
Sowohl dieses Verfahren als auch alle anderen Versuche, um Samte zu mercerisieren, haben bisher negative Resultate ergeben.

Dagegen erhält man vorzügliche Effekte, wenn mercerisiertes Garn für diese Stoffe verwendet wird.

H. E. Aykroyd & P. Krais-Bradford.

D. A. Nr. 6850 vom 15. XII. 1899.
Amerik. Patent Nr. 657 849 vom 19. XII. 1899.

Das mercerisierte Garn soll in gespültem und feuchtem Zustande der Einwirkung von Schwefelkohlenstoff ausgesetzt und das hierdurch auf der Faser gebildete Zellulosexanthogenat mit Chlorammonium zersetzt werden.

Das Verfahren konnte keine Anwendung finden.

Thomas & Prevost-Krefeld.

D.R.P. Nr. 129 883 vom 3. II. 1900.

Das Patent beansprucht die Erzeugung von haltbarem Appret auf Baumwolle, indem man konzentrierte Schwefelsäure, Kupferoxydammoniak, Lauge, Schwefelkohlenstoff, Chlorzinklösung usw. einwirken läßt. Die Faserstoffe werden dadurch oberflächlich gelatiniert und so dann unter Spannung mercerisiert.

Das Verfahren hat keinerlei Bedeutung erlangt.

Henry Ward Kearns-Manchester.

D.R.P. Nr. 138 222 vom 6. V. 1900.

Das Verfahren soll dazu dienen, um nicht nur Makobaumwolle sondern auch gewöhnlicher amerikanischer oder anderer gewöhnlicher Baumwolle Glanz zu verleihen, und zwar dadurch, daß die Baumwolle vor dem Spinnen nicht wie gebräuchlich auf der Karde sondern auf der Kämmaschine vorgearbeitet wird. Nachher wird das Garn gasiert und so unter Spannung mercerisiert.

Tatsächlich wird bereits gewöhnliche amerikanische Baumwolle, die nicht zu kurzen Stapel hat, zum Mercerisieren vielfach verwendet.

A. Reichmann & K. A. Lagerqvist-Varberg (Schweden).

Engl. Patent Nr. 14 283 vom 9. VIII. 1900.
Franz. Patent Nr. 302 887 vom 9. VIII. 1900.
Amerik. Patent Nr. 682 494 vom 13. IX. 1900.

Der Patentanspruch lautet:

„Verfahren, um amerikanischer kurzstapeliger Baumwolle reichen Glanz zu geben, dadurch gekennzeichnet, daß die vorgekochte Baumwolle in gestrecktem Zustande in sehr konzentrierter Natronlauge unter Zusatz von Kupferoxydammoniak behandelt wird. Nachher wird gewaschen, neutralisiert und zum Schluß abgesäuert."

Es wurden schon früher sehr eingehende Versuche gemacht, ob Kupferoxydammoniak, welches bekanntlich zur Herstellung der Kunstseide so vorzüglich geeignet ist, nicht auch auf die Baumwollstränge oder Gewebe aufgetragen werden könnte, um so einen Teil der Faser zu „verseiden", aber alle Versuche ergaben bisher negative Resultate, und zwar vornehmlich, weil, wenn Kupferoxydammoniak so weit zur Einwirkung gebracht wird, daß ein Glanz entstehen kann, die Struktur der Baumwolle zu sehr gelöst wird, so daß die Anwendung nur bei sehr dichten dicken Baumwollgeweben möglich ist.

Das Verfahren konnte sich deshalb nicht einführen.

Fr. W. Klein-Düsseldorf.

D.R.P. Nr. 122 488 vom 23. X. 1900.

Das Spülen der mercerisierten Ware erfolgt in erhitzten Laugenbädern, von denen das erste Bad etwa die gleiche Stärke wie das

Mercerisierungsbad und das dritte Spülbad nur wenig Lauge enthält.

Die Spülflotte soll nach dem Gegenstromprinzip wirken.

Das Verfahren ist theoretisch gut erdacht, aber wahrscheinlich würde dieses eine Unmasse Spülbäder erfordern.

Eusebius Schaeffler-Aue i. S.

D.R.P. Nr. 131 134 vom 1. XII. 1900.

Der Patentanspruch lautet:

1. Verfahren zum einseitigen Mercerisieren von Geweben, im besonderen von baumwollener oder halbwollener Stückware, dadurch gekennzeichnet, daß das Gewebe zwischen zwei Walzen, einer Metallwalze und einer Gummiwalze, hindurchgeführt wird, von denen die untere, die Metallwalze, in einen mit stark unter den Nullpunkt abgekühlter Mercerisierlauge gefüllten Trog eintaucht und auf die eine Seite des Gewebes Mercerisierflüssigkeit in dünner Schicht aufträgt.

2. Zur Ausführung des in Anspsuch 1 gekennzeichneten Verfahrens dienende Vorrichtung, gekennzeichnet durch einen Trog, in welchem ein System von Röhren, durch das ein Kälte entziehendes, vorher komprimiertes Gas geleitet wird, angeordnet ist, in Verbindung mit einer teilweise in den Trog eintauchenden Metallwalze, durch welche die Mercerisierflüssigkeit einseitig in dünner Schicht auf das Gewebe aufgetragen wird.

In einem Zusatzpatent gibt der Patentanspruch die Verbesserung wie folgt wieder:

D.R.P. Nr. 131 228 vom 7. V. 1901.

1. Eine Abänderung der in Anspruch 2 des Patents Nr. 131 134 geschützten Vorrichtung, darin bestehend, daß die untere in den Trog eintauchende Metallwalze hohl und mit ebenfalls hohlen Zapfen ausgeführt ist, um durch den Hohlraum zur Kühlung der Mercerisierlauge vom Innern der Walze aus eine auf irgend eine Weise gekühlte Flüssigkeit oder gekühltes Gas hindurchzuführen.

2. Vorrichtung nach Anspruch 1, bei welcher nicht nur die Unterwalze von innen gekühlt wird, sondern auch die Oberwalze

und eventuell weitere noch vorhandene Walzen auf gleiche Weise gekühlt werden.“

Der Apparat von Schaeffler ist sehr richtig erdacht und wurde auch eine Zeitlang benutzt, mußte aber dann wie alle anderen ähnlichen Apparate der normalen Mercerisierung auf dem Streckrahmen weichen. Vielleicht daß das Verfahren für Halbwolle noch einmal Bedeutung erlangen kann.

W. Mathes Hübner & Pope-Manchester.

D.R.P. Nr. 177 166 vom 11. III. 1905.

Zum Mercerisieren feiner Gespinststoffe, wie Spitzen usw., wird empfohlen, diese zwischen zwei für die Flüssigkeit durchlässige, nicht zusammenschrumpfbare Mitläufer durch die Lauge passieren zu lassen.

Das Patent wurde inzwischen gelöscht.

Hermann Schubert-Zittau i. S.

D. A. Nr. 25 102 vom 12. II. 1906.

Die mercerisierten Garne werden in trockenem Zustande nachgespannt und gleichzeitig gedämpft. Auf ähnlicher Basis hatte seinerzeit die Firma C. G. Haubold jr. in Chemnitz ebenfalls einen Apparat in Handel gebracht, bei welchem das Chevillieren der trockenen Garne bei gleichzeitigem Dämpfen erfolgen sollte, aber das Verfahren hat bisher noch wenig Anwendung gefunden, und werden die Garne nach dem Trocknen allgemein in normaler Weise chevilliert.

Dr. Walter Vieweg-Groß-Auheim.

D. A. Nr. 7215 vom 22. VI. 1907.

Zur Verstärkung der Mercerisationswirkung sollen der Natronlauge Kochsalz, Glaubersalz oder andere neutral reagierende Salze beigefügt werden. Später wurde von Hübner-Manchester nachgewiesen, daß diese Zusätze eher schädlich sind.

Gustave de Keukelaere-Brüssel.

D.R.P. Nr. 223 925 vom 22. IV. 1909.

Feine Gewebe, Geflechte, Spitzen oder dgl. sollen in der Weise mercerisiert werden, daß diese schichtenweise in eine poröse, pulverförmige Masse eingebettet und unter Druck mit Lauge behandelt werden. Es wird bei diesem Patent nicht genügend berücksichtigt, daß alle Versuche, um in Apparaten unter Druck zu mercerisieren, bisher fehlschlugen.

Paul Hahn-Niederlahnstein a. Rh.

D. A. Nr. 52 445 vom 19. XI. 1910.

Die Baumwollstränge werden erst gespannt in die Natronlauge eingeführt, dann selbsttätig entspannt und schließlich wieder wie üblich stark gespannt.

Durch diese Methode soll bewirkt werden, daß die Lauge gleichmäßiger aufgenommen wird, und erscheint es nicht ausgeschlossen, daß durch diese Arbeitsweise tatsächlich ein egaleres Mercerisieren erreicht wird.

Der Patentanspruch lautet:

„Verfahren zum Mercerisieren von Baumwolle in Strähnform, dadurch gekennzeichnet, daß das Garn außerhalb der Lauge zuerst gespannt, in gespanntem Zustande in die Lauge eingeführt und unter Umziehen mit Lauge durchtränkt, alsdann innerhalb der Lauge zwecks erhöhter, gleichmäßiger Laugenaufnahme und größerer Schrumpfwirkung unter Umziehen entspannt und nach genügender Schrumpfwirkung innerhalb oder außerhalb der Lauge wieder auf die ursprüngliche Länge angespannt und dann in bekannter Weise weiter behandelt wird."

Patente über Garn-Mercerisierungs-Maschinen.

Thomas & Prevost-Krefeld.

Franz. Patent Nr. 259 625 vom 11. IX. 1896.

Beschreibt die erste Garnmercerisierungsmaschine, bei welcher die Garne erst mit Natronlauge behandelt, dann zentrifugiert und so erst auf der Maschine gestreckt wurden.

Francis Davies Blackburn & A. Liebmann-Manchester.

Engl. Patent Nr. 21 492 vom 29. IX. 1896.

Joh. Kleinewefers Söhne-Krefeld.

D.R.P. Nr. 102 672 vom 27. X. 1896.

Engl. Patent Nr. 7093 vom 18. III. 1897.

Das Mercerisieren der Stränge erfolgt mittels Zentrifugalkraft. Diese Art des Garnmercerisierens wurde im Anfang sehr stark gelobt, wenn auch von Sachverständigen gleich darauf hingewiesen werden konnte, daß das Strecken in dieser Form nie in der gleich starken Weise als auf normalen Streckmaschinen erfolgen kann.

Inzwischen wurde auch die Maschine, die stark verbreitet war, vielfach schon durch neuere Streckmaschinen ersetzt.

Joseph Schneider-Hrdly b. Theresienstadt.	D.R.P. Nr. 106 590 vom 27. IV. 1897.
Th. Eug. Schiefner-Wien XI.	D.R.P. Nr. 102 017 vom 16. IX. 1897.
	D.R.P. Nr. 109 756 vom 9. IV. 1898.
Arthur Birch-Arlington (Massachusetts).	Amerik. Patent Nr. 612 189 vom 15. XI. 1897.
Henri David-Paris.	D.R.P. Nr. 100 796 vom 7. XII. 1897.
	D.R.P. Nr. 107 378 vom 3. V. 1898.
	Engl. Patent Nr. 10 246 vom 5. V. 1898.
	Amerik. Patent Nr. 618 399 vom 7. VI. 1898.
	Franz. Patent Nr. 276 941 vom 13. IV. 1898.
Alfred Wyser-Aarau (Schweiz).	D.R.P. Nr. 102 103 vom 16. XII. 1897.
	Schweiz. Patent Nr. 14 961 vom 7. IX. 1897.
	Amerik. Patent Nr. 610 619 vom 3. I. 1898.
	Franz. Patent Nr. 272 994.
A. Römer & E. Hölken-Barmen.	D.R.P. Nr. 106 593 vom 17. XII. 1897.
	D.R.P. Nr. 127 161 vom 1. II. 1899.
	Engl. Patent Nr. 16 782 vom 18. VIII. 1899.
John Roberts Ecob-Lawrence (Massachusetts).	Amerik. Patent Nr. 608 033 vom 20. XII. 1897.
W. E., W. H. & H. E. Aykroyd-Bradford.	D.R.P. Nr. 108 653 vom 31. III. 1898.
	Engl. Patent Nr. 30 142 vom 20. XII. 1897.
	Engl. Patent Nr. 22 101 vom 20. X. 1898.

Weichelt & Johnes-Philadelphia.	Amerik. Patent Nr. 607 150 vom 21. II. 1898.
Bernhard Cohnen-Grevenbroich. Die Cohnen'sche Strangmercerisierungsmaschine war die erste automatisch arbeitende Maschine, die in stärkster Weise zur Benutzung gelangte.	D.R.P. Nr. 103 328 vom 4. III. 1898. D.R.P. Nr. 120 602 vom 28. VI. 1899. Engl. Patent Nr. 12 379 vom 2. VI. 1898 Franz. Patent Nr. 290 498 vom 4. VII. 1899. D.R.P. Nr. 118 271 vom 27. VI. 1899. D.R.P. Nr. 118 270 vom 10 IV. 1900.
Nicolas Istomin-Moskau.	D.R.P. Nr. 106 596 vom 12. III. 1898.
James Roland Hope-Philadelphia.	Amerik. Patent Nr. 616 709 vom 5. IV. 1898
J. R. Hope, W. Th. Galey & Th. Mc Connell-Philadelphia.	D.R.P. Nr. 118 061 vom 29. IV. 1898. Amerik. Patent Nr. 9885 von 1898.
Th. H. Schiefner & Getzner, Mutter & Co.	D.R.P. Nr. 101 813 vom 30. IV. 1898. D.R.P. Nr. 108 107 vom 24. VII. 1898. D.R.P. Nr. 109 431 vom 24. VII. 1898.
H. Krissmanech & F. Auderieth-Wien.	D.R.P. Nr. 107 379 vom 13. IX. 1898. D.R.P. Nr. 108 766 vom 13. IX. 1898. D.R.P. Nr. 108 881 vom 13. IX. 1898. Franz. Patent Nr. 281 375 vom 13. IX. 1898.
Wilhelm Herschmann-Wien.	D.R.P. Nr. 110 508 vom 4. XI. 1898.
George W. Miller-Woonsocket, Rhode Island.	Amerik. Patent Nr. 628 669 vom 28. XII. 1898.
Fred. Stuart Holland & John James Jackson-Birch Vale.	Engl. Patent Nr. 2211 vom 31. I. 1899.
E. Heberlein & Co.-Wattwil (Schweiz).	Amerik. Patent Nr. 624 800 vom 3. II. 1899.

Thomas Bold-Swinton b. Manchester.	Engl. Patent Nr. 4170 vom 25. II. 1899.
Dr. Ludwig Schreiner-Barmen-R.	D.R.P. Nr. 113 343 vom 14. III. 1899. D.R.P. Nr. 112 076 vom 12. IV. 1899. Engl. Patent Nr. 6315 vom 23. III. 1899.
Walter Neuhoff.	Franz. Patent Nr. 287 793 vom 13. IV. 1899.
Jules Dolder-Grevenbroich und Andernach.	Franz. Patent Nr. 287 924 vom 17. IV. 1899. Engl. Patent Nr. 24 397 vom 7. XII. 1899. Engl. Patent Nr. 2699 vom 10. II. 1900. Engl. Patent Nr. 12 327 vom 7. VII. 1900. Engl. Patent Nr. 12 580 vom 12. VII. 1900. Franz. Patent Nr. 307 800 vom 4. II. 1901. Franz. Patent Nr. 312 957 vom 24. VII. 1901.
Percey Sykes Marshall-Huddersfield.	D.R.P. Nr. 11 509 vom 2. V. 1899. Franz. Patent Nr. 287 998 vom 19. IV. 1899. Engl. Patent Nr. 634 362 vom 24. VI. 1899.
Archibald Russell Miller-Cambuslang.	Engl. Patent Nr. 9452 vom 5. V. 1899. Engl. Patent Nr. 20 519 vom 15. IX. 1906.
Copley, Marshall & Heaton-Huddersfield.	Engl. Patent Nr. 10 936 vom 25. V. 1899. Amerik. Patent Nr. 656 319 vom 5. XII. 1899.
Joseph Spencer, Lord & George Spencer, Lord-Whitefield. Die Spencer'schen Maschinen werden in England zum Garnmercerisieren am stärksten benutzt.	D.R.P. Nr. 119 331 vom 30. XII. 1899. Engl. Patent Nr. 10 943 vom 25. V. 1899. Amerik. Patent Nr. 648 275 vom 27. XII. 1899. Franz. Patent Nr. 297 067 vom 10. II. 1900.

George W. Remsen-Wilkes-Barré (Pennsylvania).	Amerik. Patent Nr. 648 115 vom 5. VI. 1899.
Edmund John Brown-Stockport.	Engl. Patent Nr. 14 932 vom 20. VII. 1899.
Francis C. W. Stelter-New-York.	Amerik. Patent Nr. 650 442 vom 25. VIII. 1899.
Leonard Weldon-Amsterdam (Amerika).	Amerik. Patent Nr. 645 698 vom 18. IX. 1899.
Fritz Karl Gärtner-Zittau.	Engl. Patent Nr. 20 011 vom 5. X. 1899.
Walter G. Denn-Philadelphia.	Amerik. Patent Nr. 655 546 vom 6. XI. 1899.
Andernacher Textilwerk, G. m. b. H.-Andernach a. Rh.	D.R.P. Nr. 113 704 vom 25. XI. 1899. D.R.P. Nr. 113 457 vom 26. XI. 1899. D.R.P. Nr. 113 374 vom 26. XI. 1899. Franz. Patent Nr. 306 197 vom 12. XII. 1900.
Ernest Price-Macclesfield.	Engl. Patent Nr. 23 695 vom 28. XI. 1899.
Charles L. Weichelt-Philadelphia.	Amerik. Patent Nr. 659 721 vom 3. I. 1900. Amerik. Patent Nr. 685 889 vom 21. I. 1901. Amerik. Patent Nr. 722 064 vom 27. XI. 1901.
Thomas Mc Connell-Chester (Pennsylvania).	Amerik. Patent Nr. 657 705 vom 11. I. 1900.
William Macconel, Jr.-Redholm.	Engl. Patent Nr. 1736 vom 27. I. 1900.
Ross & Schneider-Glasgow.	Engl. Patent Nr. 9505 vom 23. II. 1900.
O. Kopp & E. Usuelli-Andernach.	D.R.P. Nr. 122 750 vom 12. III. 1900. Franz. Patent Nr. 300 601 vom 23. V. 1900.
A. Kunow-Berlin.	D.R.P. Nr. 119 333 vom 21. IV. 1900.
Maurice Frings-Paris.	D.R.P. Nr. 158 272 vom 6. XI. 1900. Franz. Patent Nr. 300 693 vom 26. V. 1900. Engl. Patent Nr. 23 470 vom 22. XII. 1900.

Paul Hahn-Niederlahnstein a. Rh.	D.R.P. Nr. 119 736 vom 1. VI. 1900. D.R.P. Nr. 123 822 vom 2. VI. 1900. Franz. Patent Nr. 301 640 vom 26. VI. 1900. Franz. Patent Nr. 301 641 vom 26. VI. 1900. Amerik. Patent Nr. 755 765 vom 25. XI. 1902.
W. H. Crompton & W. Horrocks-Radcliffe.	D.R.P. Nr. 128 647 vom 15. VII. 1900. Amerik. Patent Nr. 680 131 vom 27. III. 1901. Engl. Patent Nr. 10 255 vom 6. V. 1903. D.R.P. Nr. 166 807 vom 17. IV. 1904.
Morgan & Menzies-Wilkes-Barré (Pennsylvania).	Amerik. Patent Nr. 657 293 vom 20. VII. 1900. Engl. Patent Nr. 20 136 vom 8. XI. 1900.
Oswald Hoffmann-Neugersdorf.	D.R.P. Nr. 117 255 vom 29. VII. 1900.
F. & C. Shuman-Philadelphia. Die Strangmercerisierungsmaschine wird vornehmlich in den Vereinigten Staaten und vereinzelt auch in England benutzt.	D.R.P. Nr. 131 704 vom 13. XI. 1900. D.R.P. Nr. 135 695 vom 13. XI. 1900. D.R.P. Nr. 134 968 vom 19. II. 1901. Amerik. Patent Nr. 661 649 vom 21. VII. 1900. Engl. Patent Nr. 19 937 vom 6. XI. 1900. Franz. Patent Nr. 305 139 vom 6. XI. 1900.
Frank Coit Johnson-New-York.	Engl. Patent Nr. 16 161 vom 11. IX. 1900.
Albert Römer-Oberdollendorf a. Rh.	Franz. Patent Nr. 306 826 vom 4. I. 1901. Engl. Patent Nr. 19 555 vom 1. X. 1901. Amerik. Patent Nr. 694 109. vom 23. XI. 1901.
R. Lohe-Sonnborn (Wupper).	D.R.P. Nr. 143 612 vom 29. I. 1901.

Frank Shuman-Philadelphia.	Engl. Patent Nr. 3568 vom 19. II. 1901.
Paul Schmidt & E. Price-Macclesfield.	D.R.P. Nr. 129 974 vom 17. III. 1901.
Buffaud & Robatel.	Franz. Patent Nr. 309 244 vom 19. III. 1901.
Tom Pratt-Shipley Lancaster.	D.R.P. Nr. 152 337 vom 18. II. 1903. Engl. Patent Nr. 23 181 vom 16. XI. 1901. Amerik. Patent Nr. 750 694 vom 21. III. 1903.
Smith & Drum-Philadelphia.	Amerik. Patent Nr. 755 516 vom 31. V. 1902.
R. E. Chevolleau-Paris.	Engl. Patent Nr. 20 672 vom 22. IX. 1902. Franz. Patent Nr. 324 848 vom 26. XII. 1902.
Beltzer & Thiébaut.	Franz. Patent Nr. 322 028 vom 25. IX. 1902.
J. W. Nasmith-Manchester.	Engl. Patent Nr. 25 163 vom 17. XI. 1902.
L. Bretonnière.	Franz. Patent Nr. 324 076 vom 2. XII. 1902.
Luigi Cipollina-Rivaloro Ligure (Italien).	D.R.P. Nr. 157 323 vom 26. IV. 1903. Engl. Patent Nr. 9683 vom 29. IV. 1903. Franz. Patent Nr. 333 078 vom 11. IX. 1903.
Emil Kruse-Barmen.	D.R.P. Nr. 156 434 vom 27. VIII. 1903.
J. E. Palmer-Middletown.	Amerik. Patent Nr. 765 398 vom 19. IV. 1904.
C. G. Haubold jr.-Chemnitz.	D.R.P. Nr. 196 741 vom 9. V. 1907.
Reinhold Ritter-Seiferitz b. Meerane.	D.R.P. Nr. 210 499 vom 10. XI. 1907.
William P. Yates-Bradford.	D.R.P. Nr. 224 343 vom 18. XII. 1908. Engl. Patent Nr. 27 963 vom 19. XII. 1907.

Joh. Kleinewefers Söhne-Krefeld.	D.P.A. Nr. 37 845 vom 6. V. 1908. Franz. Patent Nr. 403 724 vom 1. X. 1909.
Julius Dolder-St. Gallen.	D.P.A. Nr. 21 633 vom 11. V. 1909.
Paul Hahn-Niederlahnstein a. Rh.	D.P.A. Nr. 47 537 vom 14. VII. 1909. Franz. Patent Nr. 405 551 vom 18. XI. 1909. Engl. Patent Nr. 28 329 vom 6. XII. 1910.
Max Friedrich-Neustadt.	D.P.A. Nr. 28 706 vom 6. X. 1909. Franz. Patent Nr. 424 247 vom 9. III. 1911.
Max Kohl-Chemnitz.	D.R.P. Nr. 237 835 vom 12. VI. 1910.
C. G. Haubold jr.-Chemnitz.	D.P.A. Nr. 51 392 vom 1. VIII. 1910.
Edmund Schelling.	Franz. Patent Nr. 424 434 vom 14. III. 1911.

Patente über Stück-Mercerisierungs-Maschinen.

M. Beck-Frankfurt a. M. Die Maschine wurde von C. G. Haubold jr. zu Chemnitz geliefert und hatte — wie viele andere im Anfang — den Fehler, daß sie nicht kräftig genug gebaut war.	D.R.P. Nr. 98 182 vom 26. I. 1897. D.R.P. Nr. 118 429 vom 15. IV. 1900. Franz. Patent Nr. 264 396 vom 25. II. 1897. Engl. Patent Nr. 5350 vom 27. II. 1897. Amerik. Patent Nr. 679 425 vom 3. VII. 1900.
Thomas & Prevost, Krefeld. Das Gewebe wird während oder nach dem Mercerisieren stellenweise oder auf der ganzen Fläche einem starken Druck durch Mangeln, Kalandern, Schlagwerk usw. ausgesetzt.	Engl. Patent Nr. 9517 vom 14. IV. 1897.
Harry W. Butterworth-Philadelphia.	Amerik. Patent Nr. 617 561 vom 25. VIII. 1897. Amerik. Patent Nr. 786 264 vom 26. X. 1899.
Henri David-Paris. Die Arbeitsweise erfolgt in der Weise, daß die Ware nach der Imprägnierung auf den Spannrahmen geht und die Lauge dort während des Streckens mittels Vakuum abgesaugt wird.	D.R.P. Nr. 100 796 vom 7. XII. 1897. Franz. Patent Nr. 271 509 vom 28. X. 1897. Franz. Patent Nr. 276 526 vom 31. III. 1898.
Soc. An. de Blanchiment, Teinture, Impression et Apprêt de St. Julien. Das Gewebe wird mit nicht zusammenschrumpfenden Unterlagen zusammen mercerisiert, aufgewickelt usw.	D.R.P. Nr. 114 192 vom 1. IX. 1898. Franz. Patent Nr. 277 031 vom 21. IV. 1898.

Ch. J. Gadd-Philadelphia.	D.R.P. Nr. 116 029 vom 24. V. 1898.
James Nelson-Blackpool (Lancaster).	Engl. Patent Nr. 14 917 vom 7. VII. 1898.
Raoul Subrenat-St. Julien (Frankreich).	Amerik. Patent Nr. 643 781 vom 19. IX. 1898.
James Ashton & Edwin Cuno Kayser-Hyde (England).	D.R.P. Nr. 111 370 vom 15. XI. 1898.
S. Schwabe & Co., Ltd.-Manchester.	Engl. Patent Nr. 1079 vom 17. I. 1899.
Fr. Gebauer & Dr. Brandenberger-Charlottenburg.	D. A. 13 113 vom 30. I. 1899.
A. Ashworth-Manchester.	D.R.P. Nr. 109 285 vom 6. V. 1899.
J. Belger-Zittau.	D.R.P. Nr. 119 149 vom 1. VI. 1899.
Emil Kruse-Barmen.	D.R.P. Nr. 112 916 vom 27. VI. 1899.
George Grandage-Bradford.	Engl. Patent Nr. 13 514 vom 29. VI. 1899.
Paul Jeanmaire-Mülhausen i. Els. Die Stückmercerisierungsmaschine von Jeanmaire, die ohne Kluppenspannung arbeitet, wird von der Maschinenfabrik Emil Welter in Mülhausen geliefert, und hat sich für die feineren Baumwollgewebe ziemlich bewährt. Der erzielte Mercerisationseffekt ist wohl nicht der gleich gute wie wenn auf dem Rahmen gespannt wird, aber für einzelne Artikel, die das Spannen nicht aushalten, ist die Maschine immerhin verwendbar.	D.R.P. Nr. 112 741 vom 2. VII. 1899. D.R.P. Nr. 119 137 vom 7. IV. 1900. Franz. Patent Nr. 290 665 vom 8. VII. 1899. Engl. Patent Nr. 7189 vom 18. IV. 1900. Amerik. Patent Nr. 734 333 vom 12. V. 1900.
Frank Cochrane-Manchester.	Engl. Patent Nr. 21 192 vom 24. X. 1899.
Ernest Simon-Villefranche (Frankreich).	Engl. Patent Nr. 25 638 vom 28. XII. 1899. Franz. Patent Nr. 295 677 vom 28. XII. 1899.
C. A. M. Schulze-Crimmitschau.	D.R.P. Nr. 122 863 vom 15. II. 1900. D. A. Nr. 16 281 vom 23. V. 1900.

Esser & Scheider-Reichenberg i. Böhmen.	D.R.P. Nr. 118 359 vom 2. III. 1900. D.R.P. Nr. 119 427 vom 19. III. 1900.
F. Deissler-Berlin.	D.R.P. Nr. 119 737 vom 12. VI. 1900.
A. Schmidt-Berlin.	D.R.P. Nr. 120 302 vom 1. VII. 1900.
Ch. L. Jackson & E. W. Hunt-Bolton (England). Die Breitkochapparate von Jackson & Hunt haben sich zum Bäuchen und Bleichen sehr gut bewährt, aber zum Mercerisieren werden sie kaum benutzt.	D.R.P. Nr. 127 002 vom 16. X. 1900. Engl. Patent Nr. 7872 vom 6. IV. 1903. Franz. Patent Nr. 331 012 vom 16. VII. 1903.
Joseph Decock.	Franz. Patent Nr. 305 237 vom 13. XI. 1900.
Fritz Simons.	Franz. Patent Nr. 305 662 vom 23. XI. 1900.
Paul Hahn-Niederlahnstein a. Rh.	D.R.P. Nr. 123 445 vom 8. XII. 1900. Franz. Patent Nr. 316 963 vom 16. XII. 1901. Franz. Patent Nr. 401 004 vom 1. VII. 1909.
John Roberts Ecob-Lawrence (Massachusetts)	D.R.P. Nr. 141 132 vom 13. II. 1901. Franz. Patent Nr. 308 117 vom 13. II. 1901.
J. H. A. Klauder-Philadelphia.	Engl. Patent Nr. 14 675 vom 1. VII. 1902.
John Spenle-Salford Lancaster.	Engl. Patent Nr. 5249 vom 6. III. 1903.
C. G. Haubold jr.-Chemnitz.	D.R.P. Nr. 156 402 vom 20. XI. 1903. D.P.A. Nr. 40 546 vom 26. IV. 1907.
Thomas Pickles & John Pickles-Burnley.	Engl. Patent Nr. 25 445 vom 12. XI. 1906.
Heberlein & Co.-Wattwil (Schweiz). Das Strecken wird bei dieser Maschine nicht mittels Spannkluppen, sondern durch besondere Streckrahmen besorgt. Die Maschine wird von der Firma Fr. Gebauer, Charlottenburg geliefert. Das Patent wurde inzwischen auf erfolgten Einspruch versagt.	D.P.A. Nr. 44 213 vom 20. VII. 1908. Engl. Patent Nr. 4683 vom 25. II. 1909. Franz. Patent Nr. 399 904 vom 8. V. 1909.

Patente über das Mercerisieren von Ketten.

Thomas & Prevost-Krefeld.	Franz. Patent Nr. 168 742 vom 13. VII. 1896. Engl. Patent Nr. 14 201 vom 10. VI. 1897.
Gebr. Wolf-Naundorf b. Crimmitschau.	D. A. Nr. 12 736 vom 5. IV. 1897.
John T. Greenwood-Philadelphia.	Amerik. Patent Nr. 608 194 vom 18. X. 1897.
Oswald Hoffmann-Neugersdorf.	D.R.P. Nr. 102 548 vom 19. X. 1897.
Kershaw & Seeley-Rochdale.	Engl. Patent Nr. 6769 vom 29. III. 1899.
James Frederik Copley-Huddersfield.	Engl. Patent Nr. 9937 vom 11. V. 1899.
M. Beck-Frankfurt a. M.	D.R.P. Nr. 113 458 vom 23. VIII. 1899.
Henry Edward Aykroyd-Ilkley (England).	Amerik. Patent Nr. 646 787 vom 18. X. 1899.
F. A. Reichmann-Varberg (Schweden).	Franz. Patent Nr. 269 079 vom 12. I. 1900.
Dietrich Habel-Berlin.	D.R.P. Nr. 230 669 vom 9. IV. 1909.

Patente über das Mercerisieren von Wirkwaren.

Ferd. Mommer & Co.-Barmen-R. Die schlauchförmige Wirkware, Strümpfe usw., wird mittels eines hohlen Gummikörpers in gespanntem Zustande eingeführt und so mercerisiert.	D.R.P. Nr 95 904 vom 5. I. 1897
M. Sarfert-Philadelphia.	D.R.P. Nr. 144 428 vom 29. I. 1901.
Heinrich Görden-Barmen.	D.R.P. Nr. 149 140 vom 24. III. 1903.
Max Wünschmann-Chemnitz.	D.R.P. Nr. 212 263 vom 17. III. 1908.
	D.R.P. Nr. 220 484 vom 19. II. 1909.
Paul Philipp Wolf-Röhrsdorf b. Chemnitz.	D.R.P. Nr. 235 661 vom 19. V. 1908.
Albert Martin-Stollberg i. Erzgeb.	D.R.P. Nr. 218 774 vom 12. IX. 1908.
Paul Hahn-Niederlahnstein a. Rh.	D.R.P. Nr. 219 838. vom 21. XI. 1908.
Herm. Robert Müller-Limbach.	D.R.P. Nr. 228 042 vom 5. X. 1909.

Patente über das Mercerisieren loser Baumwolle und Kardenband.

Gros & Bourcart-Remiremont (Frankreich).	D.R.P. Nr. 124 135 vom 10. XII. 1898. Franz. Patent Nr. 283 587 vom 1. XII. 1898. Amerik. Patent Nr. 677 450 vom 29. IV. 1899.
Henry Frederik Augustus à Brassard-Bradford.	D.R.P. Nr. 124 856 vom 8. VIII. 1900. Amerik. Patent Nr. 670 098 vom 8. I. 1901.
J. Schmitt-Danjoutin Belfort.	D.R.P. Nr. 138 893 vom 9. I. 1901.
Chr. O. Reichenbach-Dresden. Mercerisiertes Baumwollgarn wird zerrissen, daraus der Flies hergestellt und sodann wieder frisch versponnen. Das Verfahren, das an Originalität kaum zu wünschen übrig läßt, zeigt, wie hoffnungslos es bis jetzt ist, das lose Material selbst mercerisieren zu können.	D.R.P. Nr. 129 843 vom 7. V. 1901. Engl. Patent Nr. 18 728 vom 19. IX. 1901.
P. Bourcart-Remiremont (Frankreich).	D.R.P. Nr. 145 582 vom 25. VII. 1901. Engl. Patent Nr. 21 645 vom 28. X. 1901.
Th. C. Schiefner-Dresden. Verfahren zum Mercerisieren von Vorgarn.	D.R.P. Nr. 141 623 vom 28. IX. 1901.
Mather, Hübner & Pope-Manchester.	Engl. Patent Nr. 6383 vom 16. III. 1904.

Joh. Kleinewefers Söhne-Krefeld.	D.R.P. Nr. 181 927 vom 19. III. 1905.
Eduard Steiner-Danjoutin (Belfort).	Franz. Patent Nr. 364 965 vom 5. IV. 1906.
Heberlein & Co.-Wattwil (Schweiz).	D.R.P. Nr. 204 512 vom 26. II. 1907. Engl. Patent Nr. 4528 vom 23. II. 1907. Franz. Patent Nr. 375 068 vom 26. II. 1907.
Carl Ahnert-Chemnitz.	D.R.P. Nr. 209 428 vom 23. V. 1907. D.R.P. Nr. 225 704 vom 5. IX. 1909.
James Frederik Copley-Thongsbridge.	Engl. Patent Nr. 12 551 vom 24. V. 1910.
John H. Robson-Huddersfield.	D. A. Nr. 31 239 vom 15. VII. 1910. Amerik. Patent Nr. 975 074 vom 22. VII. 1910.

III. Die Wirkung der Natronlauge auf Baumwolle in physikalischer wie chemischer Beziehung.

Von **W. Herbig**-Chemnitz[1]).

Die mercerisierte Baumwolle ist als Abkömmling der gewöhnlichen Baumwollzellulose zu betrachten. Unter Berücksichtigung des Reduktionsvermögens gegen Fehlingsche Lösung und der Anfärbung durch basische Farbstoffe hat K. G. Schwalbe[2]) diese Derivate eingeteilt in

1. Zellulosen und Hydrate: Geringes Reduktionsvermögen und minimale Anfärbung durch basische Farbstoffe.

2. Hydrozellulosen und Hydrate: Deutliches Reduktionsvermögen und minimale Anfärbung.

3. Oxyzellulosen und Hydrate: Starkes Reduktionsvermögen, starke Anfärbung durch basische Farbstoffe.

Die mercerisierte Baumwolle ist eine Hydratzellulose. Als Hydratzellulosen bezeichnet Schwalbe[3]) die durch Wasseraufnahme aus der typischen Baumwollzellulose hervorgehenden Abkömmlinge, insoweit diese Wasseraufnahme nicht mit einer merklichen Änderung des Reduktionsvermögens verbunden ist.

Abweichend von dieser Anschauung betrachtet Ost[4]) Hydro- und Hydratzellulosen als identiseh, und auch die Ansicht Grandmougins[5]) hat eine gewisse Berechtigung, nach der bis zu einem bestimmten Grade die Hydrolyse übereinstimmend ist mit der Hydratisierung, da die Einwirkung relativ konzentrierter Säuren auf Baumwolle Produkte gibt, die in bezug auf Schrumpfungsvermögen während der Behandlung, Anfärbevermögen für

---

[1]) Herr Prof. Dr. W. Herbig, Chemnitz hatte die Freundlichkeit, die Ausarbeitung dieses Kapitels zu übernehmen.

[2]) Berichte der deutsch. chem. Gesellschaft 1907, 4523.

[3]) Zeitschr. f. angew. Chemie 1903, 197.

[4]) Zeitschr. f. angew. Chemie 1906, 994.

[5]) Chem. Zeitung 1908, S. 241.

Farbstoffe, Verhalten gegen Chlorzink-Jodlösung mit mercerisierter Baumwolle große Ähnlichkeit zeigen.

Die Bildung der Hydratzellulosen [1]) geht vor sich:

1. bei Einwirkung von Ätzalkalien, wobei das Auftreten einer maximalen Wirkung bei einer Laugenkonzentration von 15—24 % liegt.

2. Konzentrierte Schwefelsäure von 80%, ebenso Salpetersäure von 70 % Gehalt mercerisieren Baumwolle, wobei im letzteren Falle das Anfärbevermögen viel höher ist als bei mit konzentrierter Lauge mercerisierter Baumwolle.

3. Die mercerisierende Wirkung von Salzen auf Baumwolle wurde eingehend von Hübner und Pope [2]) studiert. Baryumquecksilberjodid, Jodkalium, Schwefelnatrium usw. bringen, ähnlich wie Natronlauge, aber in geringerem Grade Schrumpfung und Schwellung der Faser hervor und bewirken auch zugleich eine höhere Farbstoffaufnahme.

Daher erklärt sich die Tatsache, daß auch Gemische von Lauge und Salzlösungen, wie bereits im D.R.P. 98 601 der Höchster Farbwerke vom Jahre 1897 für Gemische von Natronlauge und Wasserglaslösung beschrieben ist, mercerisierend wirken. Diese Tatsache wurde später von Baumann für Chlorkalziumzusatz, von Vieweg und der Hanauer Kunstseidenfabrik für Kochsalzzusatz zur Steigerung der Mercerisationswirkung schwächerer Natronlaugen verwertet.

Von den Eigenschaften der Hydratzellulosen ist hervorzuheben.

1. Die Wasseraufnahme[3]). Es nehme auf:

gewöhnliche Verbandwatte	6,1 %
dieselbe mit 8%iger Lauge mercerisiert	7,7
,, ,, 16 ,, ,, ,,	10,7
,, ,, 24 ,, ,, ,,	11,3
,, ,, 40 ,, ,, ,,	12,1
Glanzstoffseide	9,8
Viscoseseide	10,7
Chardonnetseide	11,4
Hydrozellulose	3,6

[1]) Zeitschr. f. angew. Chemie 1909, 197.
[2]) Chem. Zentralblatt 1904, II, 1625.
[3]) Schwalbe, Zeitschr. f. angew. Chemie 1909, 197.

2. Die Zunahme der Festigkeit um 5—7 %.

3. Aufnahmevermögen für substantive Farbstoffe mit dem von E. Knecht [1]) aufgefundenen Unterschieden bei dem auf das Mercerisieren folgenden Färben, je nachdem letzteres mit noch feuchter, angetrockneter oder bei 100° C getrockneter Ware erfolgt.

4. Das von Vieweg aufgefundene Aufnahmevermögen mercerisierter Baumwolle für NaOH aus zweiprozentiger Lauge.

5. Das Verhalten gegen verdünnte Säuren, in denen sich alle Hydratzellulosen schneller hydrolysieren lassen als gewöhnliche Baumwolle. Bestimmung der Hydrolysierzahl nach Schwalbe [2]).

Veränderung der Faser beim Mercerisierprozeß.

Die Einwirkung der Natronlauge auf Baumwolle ist von Hübner und Pope [3]) unter dem Mikroskop beobachtet worden. Bei Verwendung von Laugen verschiedener Konzentration ergaben sich folgende Erscheinungen.

Lose Baumwolle zeigte mit Lauge behandelt:

0—10° Bé keine sichtbare Wirkung;
11—12° Bé unvollständiges Aufrollen der Faser während einer Sekunde;
13° Bé anfangs schnelles, dann langsames Aufrollen
17° Bé schnelles und langsames Aufrollen, gleichzeitig in Dauer von Sekunden;
22° Bé Aufrollen, darauf erst Aufquellen der Faser;
24° Bé Aufrollen und Aufquellen der Faser erfolgt gleichzeitig;
34—41° Bé das Aufquellen der Faser erfolgt vor dem Aufrollen der korkzieherartigen Windungen der Faser.

Die Konzentration von 24° Bé ist bereits sehr niedrig; für praktische Zwecke wird man wohl nicht unter 27° Bé heruntergehen.

Bei Behandlung mit Lauge von 35° Bé unter gleichzeitigem Gestreckthalten der Faser zeigte sich folgendes Bild im elliptisch polarisiertem Licht. Die Faser wird straff und quillt auf. Nach-

---

[1]) Zeitschr. f. angew. Chemie 1909, 249.
[2]) Zeitschr. f. angew. Chemie 1909, 197.
[3]) Chem. Zentralblatt 1904, II, 1625.

dem sie rund und gelatinös geworden, beginnt das Aufrollen. Da die Enden der Faser bei der Versuchsanordnung von Hübner und Pope auf dem Objektglas festgeklebt sind, so wird dadurch, daß ein Teil der Faser seine natürliche korkzieherartige Drehung aufgibt, ein anderer Teil gedreht. Die natürliche Drehung der Faser ist schließlich durch eine neue künstliche ersetzt. Die Faser hat jetzt das Anssehen eines gelatinösen graden Stabes, auf dem korkzieherartig gewundene Erhöhungen sichtbar sind. Die Oberfläche der Faser und der Erhöhungen ist glatt; letztere reflektieren das Licht wie die Windungen eines polierten Korkziehers.

So interessant diese bis ins Einzelne gehende Beobachtung erscheint, so wird doch durch diese Beschreibung zu der bereits lange bekannten Umwandlung der bandförmigen Struktur der Baumwollfaser in eine glasstabähnliche Beschaffenheit während des Mercerisierungsprozesses nichts wesentlich Neues hinzugefügt.

Die Schrumpfung beim Mercerisierprozeß. Größe der Streckkräfte. Einfluß des Garnes auf den Glanz der mercerisierten Baumwolle.

In den Prozeßverhandlungen über die Nichtigkeitsklage gegen das Patent 97 664 spielten die Schrumpfung der Baumwolle, die Größe der Streckkräfte, welche das geschrumpfte Garn auf die ursprüngliche Länge dehnen sollen, ferner die Begriffe: langstapelige, festversponnene, festgezwirnte, und kurzstapelige, lose versponnene, lose oder nicht gezwirnte Baumwolle eine ganz bedeutende Rolle, so daß hier, weil man die Glanzerzeugung damit in Zusammenhang brachte, näher darauf eingegangen werden soll.

Die Patentbeschreibung des Patentes 97 664 unterscheidet zwei Fälle:

1. Die Kraft, mit welcher die Baumwolle beim Mercerisieren schrumpft, ist gering und das Ausrecken bzw. das Gespannthalten erfordert nur geringe Kraft bei einer kurzstapeligen, lose gesponnenen, lose oder nicht gezwirnten Baumwolle, also bei einer Baumwolle, deren einzelne Fasern in ihrer Längsrichtung verschiebbar sind. Die ausgereckte mercerisierte Baumwolle besitzt dann den gleichen matten lederartigen Glanz wie lose mercerisierte Baumwolle.

2. Die Schrumpfkraft der Baumwolle ist bedeutend und erfordert erheblich stärkere Kräfte als im ersten Fall bei Anwendung langstapeliger, fest gesponnener und fest gezwirnter Baumwolle, also bei einer Baumwolle mit fest gelagerter, in der Längsrichtung schwer verschiebbarer Faser. Bei Anwendung einer erheblich stärkeren Streckkraft nimm dann die einzelne Baumwollfaser unter Änderung der mikroskopischen Struktur einen prachtvollen bleibenden seidenartigen Glanz an.

Eingehende Versuche des Verfassers dieses Kapitels[1]) über die Größe der Schrumpfung und der Streckkräfte, über die Beziehungen zwischen Glanzerzeugung und den Struckturverhältnissen verschiedener Garnsorten haben gezeigt, daß die im Patent vorgebrachten Behauptungen zum großen Teil unzutreffend sind.

Schrumpfung der Baumwolle beim Mercerisieren.

Was zunächst die Schrumpfung der Baumwolle anlangt, so ist aus nachstehender Tabelle[2]) zu ersehen, daß zwischen

		Lauge von 36° Bé	29° Bé	20° Bé
		Schrumpfung in Proz. der urspr. Lauge		
1.	Ostindische Baumwolle 10/1, lose gesponnen	20,6 %	19,1 %	17,4 %
2.	Dieselbe, fest gesponnen. .	22,3 „	22,0 „	17,6 „
3.	Makobaumwolle 10/1, lose gegesponnen	20,0 „	20,1 „	18,4 „
4.	Dieselbe, fest gesponnen. .	24,2 „	23,3 „	22,1 „
5.	Louisiana 20/2, kurzer Stapel	23,4 „	24,7 „	22,8 „
6.	Louisiana 20/2, langer Stapel	–	24,3 „	21,7 „

den Baumwollsorten verschiedener Herkunft, zwischen lose und fest gesponnenem Garn und zwischen lang- und kurzstapeliger Baumwolle derselben Herkunft beim Mercerisieren in konzentrierten Laugen geringe Unterschiede bemerkbar sind. Mit der Verdünnung der Lauge vermindert sich die Schrumpfung. Der Unterschied ist aber auch bei sehr beträchtlichen Konzentrationsänderungen nicht auffallend: 2—3 %. Die Unterschiede zwischen lose und fest versponnenem Garn betragen 0,2—3,7 %. Dagegen

[1]) Zeitschr. f. die gesamte Textilindustrie 1898/99, 1899/1900, Nr. 2, 3—4 Nr. 43, 1901 Nr. 28.

[2]) W. Herbig, Zeitschr. f. d. gesamte Textilindustrie 1899/1900, S. 671.

ist der Unterschied zwischen kurzem und langem Stapel derselben Gattung nur gering: 0,4—1 %!

Bei ostindischer, Mako- und Louisianabaumwolle ergaben diese Versuche Schrumpfungen von 17—25 % der ursprünglichen Länge.

Die späteren Angaben von Hübner und Pope [1]), daß bei Behandlung von Baumwolle mit Lauge von 1—13° Bé die Schrumpfung wachse, daß oberhalb 13° Bé der Effekt plötzlich größer werde, daß die Schrumpfung bei Lauge von 26° Bé am stärksten sei, und daß sie von da an abnehme, sind daher nicht in allen Punkten zutreffend. Die von Hübner erwähnte Beobachtung, daß bei Lauge von 40° Bé, obschon diese eine geringere Schrumpfung verursache, bei der nachfolgenden Behandlung der mit Lauge befeuchteten Faser mit Wasser eine stärkere Schrumpfung auftrete, ist vom Verfasser bereits 1899[2]) gemacht worden. Die Vergrößerung der Schrumpfung der mit Lauge befeuchteten Garnsträhne beim Einbringen in Wasser, die damals vom Verfasser dieses Kapitels in zahlreichen Versuchen messend verfolgt worden ist, ergab 2—3 % der ursprünglichen Strähnlänge.

Größe der Streckkräfte.

Die bereits erwähnte Behauptung der Patentschrift, daß die Glanzerzeugung abhängig sei von der Größe der Streckkräfte, ist ebenfalls durch die Versuche des Verfassers, dann von Wegscheider und Clauser[3]), ferner aber auch durch Versuche im großen, die anläßlich einer Beweisaufnahme in der Nichtigkeitsklage gegen Patent 97 664 in Crefeld stattfanden, als unzutreffend erwiesen worden.

Es wurde damals nachgewiesen, daß die Spannkraft, welche das Garn während der Behandlung mit Lauge auf die ursprüngliche Länge gespannt erhält, ⅓—¼ derjenigen Kraft beträgt, welche das lose mercerisierte Garn auf die ursprüngliche Länge zu dehnen vermag. Weiter zeigten die Versuche, daß, wenn man die mit Lauge behandelten und gespannten Strähne in Wasser einbringt, das Garn mit der gleichen Kraft, die bei der Laugenbehandlung

[1]) Chem. Zentralblatt 1904, II, 1625.

[2]) W. Herbig, Zeitschr. f. d. gesamte Textilindustrie 1899/1900, Nr. 2.

[3]) Zeitschrift f. d. gesamte Textilindustrie 1900/1901, Nr. 21.

in Tätigkeit war, um 4—5 % der ursprünglichen Länge überdehnt werden kann.

Über die Größen der Streckkräfte in Laugen verschiedener Konzentrationen (Garn lose mercerisiert, dann gedehnt) geben nachstehende Zahlen Aufschluß.

Versuche mit Strähnchen von 0,8 g Gewicht.

Lauge	36° Bé	29° Bé	20° Bé
Ostindische Baumwolle 10/1 fach, lose gesponnen	8 000 g	4 500 g	3 200 g
dito, fest gesponnen	8 500 g	5 000 g	3 700 g
Makobaumwolle 10/1 fach, lose. . .	13 000 g	9 700 g	7 000 g
dito, fest	14 300 g	10 200 g	8 000 g
Louisiana 20/1 fach, kurzstapelig . .	13 400 g	9 800 g	7 000 g
dito, langstapelig	14 000 g	11 000 g	10 200 g

Dieselben Garnsorten mit Lauge von 27½° Bé behandelt, ergaben bei Versuchen im großen mit 4 Pfd. englisch:

Ostindische, lose gesponnen 10/1	36 Atm.
Ostindische, fest gesponnen 10/1	37 ,,
Mako, lose gesponnen 10/1	78 ,,
,, , fest gesponnen 10/1	83 ,,
Louisiana, kurzer Stapel 20/2	63 ,,
,, , langer Stapel 20/2	88 ,,

Die Louisiana, kurzer Stapel und langer Stapel, ist durch Auskämmen aus einem Ballen Baumwolle gewonnen und jeder Teil dann für sich versponnen worden. Es geht aus den Versuchen hervor, daß

1. fest gesponnenes Garn nur eine wenig größere Kraft gebraucht als lose gesponnenes Garn.

2. Garne aus langstapeliger Baumwolle eine größere Kraft erfordern als kurzstapelige.

3. daß doubliertes Garn aus langstapeliger Baumwolle nur eine wenig größere Kraft erfordert als fest gesponnenes einfaches Garn aus langstapeliger Makobaumwolle.

4. daß doubliertes Garn aus kurzstapeliger amerikanischer Baumwolle dieselbe Kraft (bei Ausführung der Versuche im kleinen!) gebraucht als lose gesponnenes Garn aus langstapeliger Mako.

Einfluß des Garnes auf Glanzerzeugung.

Die Beziehungen zwischen erzeugtem Glanz und der Natur des zum Mercerisieren verwendeten Garnes ergeben sich aus folgendem.

Die Behauptung, daß festfasrige Baumwolle (sei es, daß die Festigkeit dadurch erzeugt ist, daß die einzelnen Fasern beim Spinnprozeß mehr Draht erhalten haben, sei es, daß mehrere Fäden beim Zwirnen unter stärkerer Drehung vereint worden sind) sich am besten für die Glanzerzeugung eignen, hat sich als unhaltbar erwiesen.

Man ging davon aus, daß bei schärferer Drehung ein Vorbeigleiten der Fasern beim Mercerisieren unter Spannung verhindert werde, wodurch die Ausbildung zur glasstabähnlichen Beschaffenheit der mercerisierten Faser am leichtesten ermöglicht wird. Es ist kein Zweifel, daß die Kraft, welche ein Vorbeigleiten der Fasern beim Spinnprozeß erschwert, durch den der Faser erteilten Draht gesteigert wird. Je länger die Faser, desto leichter und besser kann die Drehung erfolgen. Die korkzieherartig ausgebildete Drehung der Baumwollfasern gestattet eine Verschlingung der Fasern, so daß schon eine beschränkte Anzahl von Drehungen genügen, die Umwicklung vollständig zu machen. Kettgarn aus ordinärer Baumwolle, die ja viel weniger Windungen besitzt als die feineren Sorten, muß deshalb einen stärkeren Draht erhalten als letztere.

Weiter hat sich ergeben, daß nicht jede langstapelige Baumwolle, trotzdem bei dieser infolge der innigen Umschlingung der Fasern ein Vorbeigleiten der Faser beim Strecken verhindert wird, für die Glanzerzeugung brauchbar ist. Neben der Mako- und Sea-Jslandbaumwolle, die ja am besten zum Mercerisieren geeignet sind, liefert Nordamerika eine Anzahl von Qualitäten, die in bezug auf Stapellänge der Mako nur wenig nachstehen. Middling fair, fair Orleans, fair Georgia haben 30—34 mm Stapel gegen 32—36 mm Stapel der Mako. Trotzdem geben diese gespannt mercerisiert einen wesentlich geringeren Glanz als gute Makobaumwolle.

Kämmt man langstapelige Mako[1]) aus, so zeigt der Kämmling einen Stapel von 10—25 mm, im Mittel 18—20 mm. Verspinnt

[1]) Johannsen. Gutachtliche Äußerung 1900.

man diesen Kämmling zu Nr. 8 mit 8 Drehungen per Zoll englisch, so ist der Drahtkoeffizient 2,81., während gewöhnliches Schußgarn bei 25 mm Stapel mit dem Koeffizienten 3,25 gedreht wird. Der Glanz dieses kurzstapeligen Makogarns war beim Mercerisieren derselbe wie bei langstapeligem Makogarn. Für langstapelige Baumwolle ist der Drehungskoeffizient aber noch um 10 % niedriger als für Mittelstapel. Außerdem ist der Glanz von mercerisiertem Makogarn gerade bei soft Garnen, also nicht stark gedrehtem und gezwirntem Garn, viel höher als bei stärker gezwirnten Garnen. Mercerisierversuche mit Sea-Island 120/2 fach haben ergeben, daß der Glanz fest versponnenen Garns weit hinter dem Glanze des lose gesponnenen zurückbleibt.

Ostindische Baumwolle, lose und fest versponnen, und Louisiana kurzer Stapel nehmen beim Mercerisieren wenig Glanz an, während Mako, lose oder fest versponnen, gleichen Glanz zeigen. Allerdings unterscheidet sich auch in diesem Falle auffällig das gasierte vom ungasierten Garn. Ostindisches Baumwollgarn nimmt gasiert einen immerhin recht guten Glanz an und man hat auch solches Garn in der Praxis zum Mercerisieren vielfach verwendet. Man kann auf Grund der in Crefeld in der Nichtigkeitsklage durchgeführten Versuche feststellen, daß nur diejenigen Baumwollsorten einen vollwertigen seidenähnlichen Glanz beim Mercerisieren geben, die von Natur aus bereits Glanz besitzen, daß die Gasierung der Garne eine Glanzsteigerung ermöglicht, daß aber für die Glanzerzeugung, die Art der Verspinnung und auch die Stapellänge der Baumwollsorte nicht die Bedeutung haben, die man früher diesen Momenten zuschrieb. Infolge der Preissteigerung der Mako ist man in den letzten Jahren immer mehr dazu übergegangen gekämmte Louisiana für Garne, die mercerisiert werden sollen, zu verwenden. Der erzeugte Glanz kommt aber nicht an den Glanz heran, der auf guter egyptischer Baumwolle erreicht werden kann.

Ist der Mercerisierprozeß ein chemischer oder ein physikalischer Vorgang?

Die Frage, ob der Mercerisationsprozeß ein chemischer oder physikalischer Vorgang ist, hat in der neueren Literatur sehr umfangreiche Erörterungen hervorgerufen, ohne daß man sagen könnte, daß die Frage entschieden worden sei.

Die bereits von Mercer und Gladstone vertretene Ansicht, daß bei Einwirkung der Lauge auf die Zellulose eine Natronzellulose $(C_6H_{10}O_5)_2Na_2O$ bezw. $(C_6H_{10}O_5)_4Na_2O$ entstehe, die dann bei Einwirkung des Wassers ein Hydrat $(C_2H_{10}O_5)_2 . H_2O$ bezw. $(C_6H_{10}O_5)_4 . 2\,H_2O$ bilde, wurde zuerst von Edmund Thiele[1]) in einer Studie über die Zusammensetzung der Natronzellulose experimentell verfolgt.

Wichelhaus und Vieweg [2]) schließen aus ihren Versuchen der Esterbildung mercerisierter Baumwolle mit Salpetersäure und Benzoäsäure, nach denen aus mercerisierter Baumwolle mehr Benzoat entsteht als aus nicht mercerisierter, auf eine chemische Veränderung.

Viewegs[3]) weitere Beobachtungen über die Natronaufnahme der Baumwolle beim Mercerisieren von Watte mit steigender Laugenkonzentration, die aus beifolgender Tabelle und deren graphischen Darstellung ersichtlich ist, ergeben, daß die Gestalt der Kurve A, die bei Anwendung einer ca. 16 %igen Lauge einen ersten Knickpunkt zeigt, zur Annahme einer molekularen, also chemischen Beeinflussung, entsprechend der Bildung einer Verbindung zwischen Faser und Natronlauge nach der Formel $C_{12}H_{20}O_{10} . NaOH$[4]) berechtigt, während für den 2. Knickpunkt die Formel $C_{12}H_{20}O_{10} . 2\,NaOH$ stimmt.

Laugenkonzentration: 100 ccm Lauge enthalten g NaOH	Aufgenommenes NaOH in Gramm. für 100 g Zellulose (Watte)
0,4	0,4 g
2	0,9
4	2,7
8	4,4
12	8,4
16	12,6*) erster Knickpunkt
20	13
24	13

[1]) Chem. Zeitung 1901 Nr. 57.

[2]) Berichte der deutschen chem. Gesellschaft 1907, 441.

[3]) Berichte der deutschen chem. Gesellschaft 1907, 4903.

[4]) Vieweg, Berichte der deutschen chem. Gesellschaft 1908, 3629.

100 ccm Lauge enthalten g NaDH	für 100 g Zellulose (Watte)
28	15,4
33	20,4
35	22,6*) zweiter Knickpunkt
40	22,5

Dieser Knickpunkt der Kurve tritt bei um so niedriger Konzentration ein, je tiefer die Temperatur liegt. Vor dem Knickpunkt verläuft die Kurve regelmäßig, was auf eine chemische Reaktion schließen läßt, die in der Steigerung des Mercerisationsgrades besteht.

Der chemischen Ansicht schließen sich Cross und Bevan an.

O. Miller [1]) dagegen hält es nach seinen Versuchen, die nach demselben Prinzip (Schütteln einer gewogenen Menge Zellulose mit einem gemessenen Volum titrierter Lauge und Messung der Abnahme des Gehaltes der Lauge) wie die Viewegschen durchgeführt wurden, für unhaltbar, das Problem nur auf die Bildung einer chemischen Verbindung nach festen Verhältnissen zurückzuführen. Ist C die Konzentration der flüssigen Phase, C_1 die der festen Phase, so läßt der Teilungskoeffizient $\frac{C_1}{C}$ auch die Heranziehung von Lösungserscheinungen zu.

C	C_1	$\frac{C_1}{C}$
4,892	0,121	0,0247
14,839	0,410	0,0276
75,064	2,075	0,0276
120,874	2,768	0,0230
165,801	3,687	0,0222

Als pyhsikalischer Vorgang wird der Mercerisierprozeß auch von Schwalbe [2]) aufgefaßt. Da die Baumwolle beim Mercerisieren keine Änderung des Reduktionsvermögens erfährt, d. h. den Alkoholcharakter behält, da ferner Quellung und eine gesteigerte Hygroskopizität der mercerisierten Baumwollzellulose zu beachten ist, so könnte man die gesteigerte Benzoatausbeute auf Rechnung einer vergrößerten Oberflächenwirkung und dadurch hervorge-

[1]) Berichte der deutschen chem. Gesellschaft 1907, 4903 und Chem. Zeitung 1905, 491.

[2]) Zeitschr. f. angew. Chemie 1907, 2166.

rufenen gesteigerten Reaktionsfähigkeit setzen. Der Schluß, daß aus der Natronzellulose bei der Behandlung mit Wasser ein Hydrat entstehen muß, ist nach Schwalbes Meinung zwar sehr wahrscheinlich, aber nicht bewiesen. Bezüglich der Konstitution der Zellulosehydrate[1]) bemerkt Schwalbe, daß sicher nachgewiesen nur die Wasseraufnahme sei; aber die Deutung sei strittig. Da nach Hübner auch Salze ähnliche Erscheinungen wie Lauge hervorrufen, so könne in diesem Falle nicht eine chemische Verbindung, sondern allenfalls nur eine Bildung analog der von Doppelsalzen angenommen werden. Jedenfalls seien osmotische Vorgänge nicht von der Hand zu weisen, um so weniger als nach Versuchen von Minajeff[2]) die Cuticula der Baumwollfaser beim Mercerisieren erhalten bleiben soll. Letztere Ansicht dürfte kaum haltbar sein. Neuere Versuche von Haller[3]) über Behandlung gefärbter mercerisierter und nicht mercerisierter Baumwolle mit Kupferoxydammoniak haben deutlich bewiesen, daß in mercerisierter Baumwolle die Cuticula fehlt. Bekanntlich läßt das Reagenz alle 3 Teile der Baumwollfaser: die Cuticula, den Zellkörper und das lufterfüllte Lumen sichtbar werden, indem die Cuticula gelöst wird —, die Zellwand unter Bildung tonnenförmiger Gebilde aufquillt und das Lumen in Form eines Schlauches deutlich hervortritt.

Mit Kongorot gefärbte mercerisierte Baumwolle erscheint unterm Mikroskop homogen gefärbt. Beim Lösen in Kupferoxydammoniak quillt die homogen gefärbte Zellwand gleichmäßig und löst sich, und nur das rot gefärbte Innenhäutchen bleibt zurück. Nichtmercerisierte Faser zeigt dagegen deutlich, wie die intensiv gefärbte Cuticula sich ablöst.

Über den Wassergehalt mercerisierter Baumwolle, der sich aus der Konstitution als Zellulosehydrat ergeben müßte, ist bis jetzt keine Einigung erzielt worden.

Die Untersuchungen von Ost und Westhoff[4]) haben gezeigt, daß lufttrockene mercerisierte Zellulose mehr Wasser enthält als nichtmercerisierte Zellulose. Ost fand 9,4—9,8 % gegen 5,90 %. Es ist zweifellos, daß die Elementaranalyse entscheiden

[1]) Zeitschr. f. angew. Chemie 1909, 197.
[2]) Zeitschr. f. Farbenindustrie 1907, 233.
[3]) Zeitschr. f. angew. Chemie 1908, 267.
[4]) Chem. Zeitung 1909, S. 197.

kann, ob eine Zellulose der Formel $C_6A_{10}O_5$ oder $(C_6A_{10}O_5)_2H_2O$ oder $(C_6H_{10}O_5)_4H_2O$ vorliegt. Es ist der Prozentgehalt für

	$C_6H_{10}O_5$	$C_{12}H_{20}O_{10} . H_2O$	$C_{24}H_{40}O_{20} . H_2O$
C	44,42	43,22	42,68
H	6,22	6,35	6,48
H_2O	Null	2,7	5,27

Das von mercerisierter Baumwolle gebundene Wasser bestimmten Ost und Westhoff bei 120—135° im Kohlensäurestrom Die entwässerte mercerisierte Zellulose entsprach dann der Formel $C_6H_{10}O_5$. Auch O. Miller[1]) schließt aus seinen Versuchen, bei welchen er keine Gewichtszunahme beim Mercerisieren nachweisen konnte, daß keine Wasseraufnahme stattfindet, da auch der Wassergehalt beim Trocknen über Chlorkalzium bei 25° C und beim Erhitzen auf 95° derselbe ist. Für die Beurteilung des Mercerisationsprozesses als chemischen oder physikalischen Vorgang kann man endlich auch die Farbstoffaufnahme mercerisierter Baumwolle heranziehen.

Farbstoffaufnahme mercerisierter Baumwolle.

Hübner und Pope [2]) behandelten Baumwolle mit Laugen von 1—41° Bé und färbten mit Benzopurpurin 4 B aus. Kalte Lauge von 1° Bé vermehrt bereits die Affinität der Baumwolle für direkte Farbstoffe beträchtlich. Von 1—18° Bé ist die Affinitätssteigerung proportional der Laugenkonzentration. Von 12—15° Bé ist die Affinitätserhöhung stärker als vorher. Die höchste erreichbare Affinität erhielten Hübner und Pope mit Lauge von 31—38° Bé. Oberhalb 38° Bé tritt eine Abschwächung ein. Mit Lauge von 41° Bé behandelte Baumwolle färbt sich ebenso an wie eine mit 35° iger Lauge mercerisierte Ware. Eine Lauge von 13° Bé bei 80° C gibt eine nur wenig stärkere Färbung als Lauge von 7° Bé bei 20° C. Sehr interessante Ergebnisse erhielt Minajeff [3]) bei der mikroskopischen Untersuchung mercerisierter und nicht mercerisierter Faserstoffe, die mit Beizenfarbstoffen, Anilinschwarz, Pararot, Schwefelfarbstoffen, substantiven und basischen Farbstoffen gefärbt worden waren. Die Deutung der

[1]) Berichte der eeutschen chem. Gesellschaft 1910, 3430.
[2]) Chem. Zentralblatt 1904, II, 1625.
[3]) Zeitschr. f. Farbenindustrie 1907, 233.

Resultate erscheint mir indessen nicht immer ganz einwandfrei, so daß hier nicht näher darauf eingegangen werden kann. Wertvolle Untersuchungen über die Farbstoffaufnahme mercerisierter Baumwolle verdanken wir E. Knecht [1]), der die Farbstoffaufnahme quantitativ mit Hilfe der von ihm ausgearbeiteten Titanchloridmethode verfolgte. Bei Prüfung verschiedener, nicht mercerisierter Baumwollsorten auf das Absorptionsvermögen fand Knecht nur geringe Unterschiede, indem die Absorption zwischen 1,33—1,59 % schwankt. In bezug auf die Dauer der Mercerisierung beobachtete er bei einer Einwirkung von 5 Sek. eine Farbstoffaufnahme von 3,24 % bei 60 Sek. 3,91 %, bei 180 Sek. 4,10 %.

Den Einfluß der Konzentration der Lauge ersieht man aus folgenden Angaben:

gewöhnliche Baumwolle nimmt Farbstoff auf	1,77 %
mit Lauge von 7° Bé behandelt	1,88
„ „ „ 19° Bé „	2,95
„ „ „ 29° Bé „	3,38
„ „ „ 37° Bé	3,66

Bei Versuchen mit und ohne Spannung mercerisiert:

gewöhnliche Baumwolle ohne Lauge	1,55 %
gespannt mercerisiert mit Lauge von 29° Bé	2,90
ungespannt mercerisiert mit Lauge von 29° Bé	3,39

Endlich behandelte Knecht Baumwollgarn 1. mit Kalilauge von 29° Bé, 2. mit Natronlauge von 29° Bé, 3. mit Salpetersäure von 42,5° Bé und färbt diese Proben gleichzeitig mit, 4. gewöhnlichem Garn mit Diamingrün, Eklipsblau, Chrysophenin und Benzopurpurin 4 B aus.

Dabei ist das Garn nach 3. behandelt 8 mal so stark, nach 2. 4 mal so stark, nach 1. zweimal so stark angefärbt wie gewöhnliches Garn. Für die Praxis von Bedeutung sind die Untersuchungen Knechts [2]) über die Affinitätsänderungen der mercerisierten Baumwolle für Farbstoffe beim Trocknen der Ware.

Mercerisierte gebleichte Baumwolle mit Benzopurpurin 4 B gefärbt, zeigte

---

[1]) Lehnes Färberzeitung 1908, S. 276. Original: Soc. dyers and col. 1908, S. 68—71.

[2]) Zeitschr. f. angew. Chemie 1909, 243.

Ohne Trocknung eine Farbstoffaufnahme von	3,24 %
Lufttrocken	3,03
bei 100° getrocknet	2,51
gewöhnliche gut genetzte Baumwolle	1,77

Bei der Beurteilung der Einwirkung der Natronlauge auf Baumwolle als chemischen oder physikalischen Prozeß darf der Einfluß von Salzzusätzen zur Mercerisierlauge nicht unerwähnt bleiben.

Einfluß von Salzzusätzen zur Mercerisierlauge.

Während O. R. Miller [1]) feststellte, daß Kochsalz und Soda in der Mercerisierlauge keinen Einfluß auf die Aufnahme von NaOH aus der Lauge ausüben, fand Vieweg [2]), daß Zellulose aus einer mit Kochsalz gesättigten Lauge bedeutend mehr Ätznatron aufnimmt als aus reiner Lauge. Der Gehalt der Lauge in 100 ccm betrug an:

NaOH	NaCl	NaOH	NaCl
4 g	25 g	16 g	16 g
8	22	20	13
12	19		

	Laugenkonzentration	100 g Baumwolle nimmt auf aus reiner NaOH	NaCl + NaOH
Beispiel 1:	2 proz.	0,9 g	—
„ 2:	4	2,7	3,8 g
„ 3:	8	4,4	6,4
„ 4:	12	8,4	14,5
„ 5:	16	11,3	17,1
„ 6:	20	13,2	17,4
„ 7:	24	12,8	18,3

Nach Beispiel 3 nehmen also 100 g Baumwolle aus einer 8 proz. Lauge 4,4 g NaOH, ist die Lauge mit Kochsalz gesättigt: 6,4 g NaOH auf.

Bezeichnet A = die prozentige Konzentration der ursprünglichen Lange, D = die prozentige Konzentration der von der

---

[1]) Journ. der Russ. Phys. Chem. Gesellsch. 1905.

[2]) Berichte der deutschen chem. Gesellschaft 1908, 3269.

Zellulose aufgenommenen Menge NaOH, C = wieviel g NaOH von 3 g Zellulose aufgenommen werden, C_1 = wieviel g NaOH in 150 ccm Lauge verbleiben, so ist für:

Baumwolle + Natronlauge				Baumwolle + NaCl + NaOH			
A	D	C	C_1	A	D	C	C_1
2	0,9	2,97	0,027	2	3,8	6,04	0,117
4	2,7	5,19	0,81	4	6,4	12,25	0,197
8	4,4	11,87	0,13	8	14,5	18,35	0,445
12	8,4	17,76	0,25	12	17,1	24,07	0,528
16	12,6	23,62	0,378	16	17,4	30,75	0,537
20	13,0	29,61	0,390	20	18,3	37,08	0,561
24	13,0	35,61	0,390				

Die Kurve, welche die NaOH-aufnahme wiedergibt, zeigt bei Eintritt des stöchiometrischen Verhältnisses $C_{12}H_{20}O_{10}NaOH$ einen Knickpunkt. Dieser Knickpunkt tritt bei um so niedrigerer Konzentration ein, je stärker der Gehalt der Lauge an Kochsalz ist. Durch Zusatz von Kochsalz zu Natronlauge bis zur Sättigung tritt zwischen Lauge und Zellulose eine chemische und physikalische Reaktion (Adsorption?) ein. Mit einer 16 proz. Lauge, die mit Kochsalz gesättigt ist, erzielt man denselben Effekt wie mit einer 25 proz. Lauge ohne Kochsalz; es lassen sich so 38 % NaOH ersparen.

Dagegen behanptet J. Hübner [1]), daß ein Zusatz von Kochsalz zu Natronlauge eine Verringerung des typischen Mercerisationseffektes (Schrumpfung, Aufdrehen, Quellen der Faser, Affinität zu substantiven Farbstoffen, Chlorzink-Jodreaktion) zur Folge hat.

Bei wiederohlten Versuchen, die von mir mit größeren Posten Makobaumwolle durchgeführt wurden, erhielt ich dagegen mit kochsalzhaltiger Lauge Glanzeffekte, die den mit reiner Lauge erzielten nur sehr wenig nachstanden; auch sodahaltige Lauge zeigte, so lange die Konzentration der Mischlauge nicht unter 25° Bé geht, noch befriedigende Ergebnisse.

Die Mercerisierungslaugen wurden hergestellt durch Mischen von 6 Liter Ätzlauge von 40° Bé mit 4 Liter Kochsalzlösung, die 1400 g NaCl gelöst enthielt bzw. mit 4 Liter Sodalösung, die

[1]) Journ. Soc. Chem. Ind. 1909, 228. — Chem. Zentralblatt 1909, I, 1836.

1400 g Kristallsoda enthielt. Die geklärten Laugen zeigten eine Konzentration von ca. 33° Bé. Mit diesen 3 Laugen (reine Lauge von 35° Bé) wurden je 1 kg Baumwolle auf der Mercerisiermaschine nach dem in der Praxis üblichen Verfahren mercerisiert und dann die Muster mit Erika und Neutoluylenbraun G. G. Oehler gefärbt.

Die mikroskopische Prüfung der fertig gestellten Ware ergab das charakteristische Bild der unter Spannung mercerisierten Baumwolle. Da auch bei mit reiner Lauge mercerisierten Baumwolle, die im Großbetriebe hergestellt ist, stets Fasern auftreten, die an ungestreckte mercerisierte und an gewöhnliche Baumwolle erinnern, so ist dieser auch bei meinen Mustern zu beobachtende Befund nicht besonders ins Gewicht fallend. Nach Versuchen Anderer soll der NaClzusatz zur Ätzlauge den Glanz vermindern.

Die bereits im D.R.P. 98 601 vom Jahre 1897 beschriebene Verwendung von Wasserglaslösung als Zusatz zu Mercerisierlauge, wobei zu 100 Teilen Lauge von 28° Bé, 10 Teile Wasserglaslösung von 41° Bé zugesetzt werden, sollte die Schrumpfung der Faser verhindern, ohne daß die mercerisierende Wirkung wesentlich geschwächt wurde und außerdem eine Gewichtszunahme von 1—3 % bewirken. Diese Wirkung wurde einer Salzablagerung im Hohlraum der Fasern zugeschrieben, die, durch Waschen nicht entfernbar, der Schrumpfung entgegenwirkt. Bei Nachprüfung des Verfahrens durch den Verfasser[1]) ergab sich, daß mit der angegebenen Lauge die Verminderung der Schrumpfung nur ganz minimal ist, daß ein wesentlicher Effekt erst erreicht wurde bei einem Mischungsverhältnis von 100 Teilen Lauge von 28° Bé und 30 Teilen Wasserglas von 41° Bé.

Fassen wir das Ergebnis der im Vorstehenden angegebenen zahlreichen Beobachtungen über die Einwirkung konzentrierter Natronlauge auf die Baumwollfaser zusammen, so kann man für eine 16—24 proz. Natronlauge die Bildung einer chemischen Verbindung, die Natronzellulose $C_{12}H_{20}O_{10} \cdot NaOH$, als gut begründet annehmen. Die Ablösung der Cuticula beim Mercerisieren kann als chemischer oder physikalischer Vorgang, je nach dem Zustand der entstandenen Lösung, aufgefaßt werden. Physikalische Vorgänge sind jedenfalls aber die Struktur-

[1]) Gutachten.

veränderungen der Faser, wie sie unterm Mikroskop bei Einwirkung der Lauge zu beobachten sind. Die Natronzellulose ist ein höchst unbeständiger Körper, der durch Wasser zerlegt wird, ohne daß die durch die Laugeneinwirkung hervorgerufenen Strukturveränderungen irgend welche Beeinflussung erfahren.

Nach den Untersuchungen von Ost und Westhoff scheint die Existenz der Hydratzellulose $C_{12}H_{20}O_{10} \cdot H_2O$, wengistens bei Temperatur von 120—135^0, zweifelhaft, da die Elementaranalyse der bei 120—135^0 im Kohlensäure- oder Wasserstoffstrom getrockneten mercerisierten Zellulose auf die Formel $(C_6H_{10}O_5)$ stimmt.

Erkennung der mercerisierten Baumwolle.

Zur Erkennung der mercerisierten Baumwolle kann man physikalische Hilsfmittel verwenden, dann aber auch chemische Reaktionen heranziehen.

Mikroskopische Prüfung.

Die mikroskopische Untersuchung mercerisierter Baumwolle ist in ihren Ergebnissen wiederholt beschrieben worden. Hanausek [1]) schildert die mercerisierte Faser als einen gebogenen durchscheinenden Stab mit faltenreicher Oberfläche, der nach der Streckung die Gestalt eines straffen durchscheinenden Stabes mit glatter regelmäßiger Oberfläche und einer zeitweilig verschwindenden Höhlung besitzt, so daß die Faser das Aussehen eines glatten Röhrchens erhält. Mikrophotographien der gewöhnlichen Baumwolle neben ungestreckt mercerisierter und gestreckt mercerisierter Baumwolle und Querschnitten wurden von H. Lange [2]) erläutert und finden sich auch als Beilagen zur Patentbeschreibung des Patentes 97 664. Später hat dann W. Massot [3]) in einer ausführlichen Abhandlung über mikroskopische Betrachtungen und Reaktionen zur Unterscheidung von Textilfasern mit Seidenglanz sehr schöne klare Photogrammzeichnungen mercerisierter Baumwolle beschrieben, die auszugsweise wiedergegeben sei.

---

[1]) Jahresbericht der Wiener Handelsakademie 1897.

[2]) Lehnes Färberzeitung 1898, S. 197.

[3]) Leipziger Monatsschr. f. Textilindustrie 1903, S. 375 u. folg.

Bei ungestreckt mercerisierter Baumwolle sind die korkzieherartigen Windungen und das bandartige Aussehen der rohen Faser verschwunden. Dafür hat die Faser das Aussehen eines gebogenen Stabes angenommen, der die Faser äußerlich der Seide ähnlich macht. Das Lumen ist bei ungestreckt mercerisierter Baumwolle meistens stark verengt, häufig auch abwechselnd breiter oder schmäler, an den breiten Stellen einen körnig aussehenden Inhalt aufweisend. Die Faser ist glatt infolge der Zerstörung der Cuticula. Bei stärkerer Vergrößerung sieht man querfaltige Runzeln. Oft findet man auch Fasern, die das Aussehen roher unmercerisierter Baumwolle infolge unvollständiger Einwirkung der Natronlauge auf das Material besitzen. Während die Querschnitte unmercerisierter Baumwolle länglich-ovale, unregelmäßige, halbmond- oder ohrförmig erscheinende Gebilde darstellen mit weitem aber langgezogenem Lumen, zeigen die der ungestreckt mercerisierten Baumwolle vorwiegend rundliche bis oval-runde Gestaltung. Das Lumen ist schlitzartig, häufig nach der Peripherie verästelt.

Die gestreckt mercerisierte Baumwolle nähert sich im Aussehen noch weit mehr dem mikroskopischen Bild der Seide. Die Faser erscheint fast völlig zylindrisch rund, als glatter straffer Stab mit fast völlig verschwundenem oder nur strich- oder schlitzartig erscheinendem Lumen. Die Beschaffenheit des Lumens wird am besten bei 200—400 facher Vergrößerung verfolgt. Der Querschnitt der gestreckt mercerisierten Faser ist fast kreisrund zu nennen. Das Lumen meist nur punktförmig und zentral liegend. Übergangsformen lassen sich bei der Querschnittbetrachtung vielfach zwischen den Bildern ungestreckt und gestreckt mercerisierter Fasern beobachten.

Chemische Prüfung.

Mit Kupferoxydammoniak.

Mit Hilfe von Kupferoxydammoniak läßt sich bei mikroskopischer Betrachtung (nicht immer exakt) feststellen, ob man es mit mercerisierter oder nicht mercerisierter Baumwolle zu tun hat. Läßt man von der Seite des Deckgläschens etwas des Reagenzes zu der Faser treten, so zeigt die nicht mercerisierte

Faser sofort (bei richtiger Konzentration des Reagenzes) die charakteristisch tonnenförmigen Anschwellungen, während mercerisierte Fasern, da bei diesen die Cuticula fehlt, nur die Lösung des Zellkörpers und die schlauchförmige Gestaltung des Lumens beobachten lassen.

Nach H. Lange mit Chlorzinkjod.

Nach H. Lange[1]) prüft man mit Chlorzinkjodlösung in folgender Weise.

Lösung: 30 Teile reines Chlorzink und 5 Teile Jodkalium löse man in 14 Teilen Wasser. Zu der Flüssigkeit setze 1 Teil gepulvertes Jod, schüttle um und nehme das Reagenz nach 1 tägigem Stehen in Gebrauch. Man schneidet sich kleine Proben von 3 cm Länge und einigen Millimetern Breite, bringt diese auf ein Uhrglas und befeuchtet mit 10—15 Tropfen des Reagenzes. Nun bedeckt man möglichst rasch hintereinander mit 2—3 ccm Wasser, wobei Sorge zu tragen ist, daß möglichst gleichmäßig gearbeitet wird.

Dabei hellt sich die zunächst bei Zugabe der Chlorzinkjodlösung entstandene tiefblauschwarze Färbung auf unter deutlicher Blaufärbung, wobei mercerisierte Baumwolle eine mehr violette Färbung zeigt, während die nicht mercerisierte Faser erst violett, dann bräunlichrot und schließlich farblos wird. Gefärbte Muster, namentlich dunkel gefärbte Proben, behandelt man zur Entfernung des Farbstoffes mit einer klaren filtrierten Chlorkalklösung von 1—2^0 Bé, indem man eine Probe im Reagenzglas, eventuell unter Erwärmung, mit der Lösung einige Minuten schüttelt, oder man behandelt mit Hydrosulfitlösung oder mit Zinnsalz und Salzsäure in ähnlicher Weise. Nach der Behandlung mit den Abziehmitteln muß gut gewaschen und zwischen Filtrierpapier gut abgepreßt werden, ehe man die Chlorzinkjodlösung zugibt.

Die Behandlung mit Chlorzinkjod kann auch unter dem Mikroskop erfolgen, indem man die entfärbte Ware zerfasert, mit dem Reagens befeuchtet auf den Objektträger bringt und mit dem Deckgläschen bedeckt. Alsdann läßt man von der Seite einen

[1]) Chem. Zeitung 1903, 735. Siehe Massot: Leipziger Monatsschr. f. Textilindustrie 1903, S. 518.

Tropfen Wasser zutreten und beobachtet die sofort eintretende Rotfärbung der nicht mercerisierten Baumwolle, die schließlich nach den Rändern des Deckgläschens zu entfärbt erscheinen. Sehr geeignet ist die Chlorzinkjodprobe zur Unterscheidung mercerisierter Baumwolle von echter Seide, die der äußeren Form nach viel übereinstimmende Merkmale zeigen. Unter dem Mikroskop heben sich die blaugefärbten mercerisierten Baumwollfasern deutlich von der fast farblosen oder gelblich angefärbten Seidenfaser ab.

Verfahren nach Hübner.

Jod-Jodkaliumprobe.

J. Hübner[1]) hat dieses Prüfungsverfahren etwas abgeändert.

a) Die Baumwollmuster werden einige Sekunden in eine Lösung von 20 g Jod in 100 ccm einer gesättigten Jodkaliumlösung in Wasser eingelegt. Bei wiederholtem Waschen der Muster mit Wasser wird nicht mercerisierte Baumwolle bald weiß, während mercerisierte schwarzblau gefärbt bleibt. Wäscht man statt mit Wasser mit 2 proz. Lösung von Jodkalium, so wird nach mehrmaligem Waschen die nicht mercerisierte Faser bräunlichweiß, das mercerisierte Muster braunschwarz. Wäscht man nun mit Wasser, so wird das erste Muster völlig weiß, das mercerisierte aber blauschwarz.

Chlorzinkjodprobe.

b) Löse 280 g Chlorzink in 300 ccm Wasser, ferner 1 g Jod, 20 g Jodkalium ebenfalls in 100 ccm Wasser. Zu 100 ccm der Chlorzinklösung setze 10—15 Tropfen der Jod-Jodkaliumlösung.

Die benetzten und gut abgepreßten Muster werden in diese Lösung eingelegt. Mercerisierte Baumwolle färbt sich dunkelblau, nicht mercerisierte bleibt ungefärbt. Die Jod-Jodkaliumlösung darf erst kurz vor der Verwendung der Chlorzinklösung zugesetzt werden. Unvollkommen mercerisierte oder mit schwächerer Lauge mercerisierte Baumwolle zeigt dann eine schwächere, der Stärke der Lauge entsprechende Anfärbung, so daß man mittels dieser Lösung den Mercerisierungsgrad bestimmen kann. Setzt man

---

[1]) Chemiker-Zeitung 1908, S. 220.

Überschuß von Jod-Jodkaliumlösung hinzu, so wird die nicht mercerisierte Baumwolle rötlich angefärbt.

Verfahren von Knecht-Knaggs.

E. Knecht[1]) stellte beim Vergleich von Benzopurpurin, auf mercerisierter und gewöhnlicher Baumwolle aufgefärbt, fest, daß beim Behandeln der gewöhnlichen Baumwolle mit Salzsäure diese rasch blau gefärbt wird, während mercerisierte Baumwolle einen rotvioletten Ton annimmt. Erhitzt man nun und setzt vorsichtig Titanchlorid hinzu, so beobachtet man eine Abnahme der Intensität bei den Fasern, bis eine fast völlige Zerstörung des Farbstoffes eingetreten ist, wobei gewöhnliche Baumwolle indigoblau, mercerisierte rot aussieht. Der Unterschied ist nur sichtbar, wenn die Mercerisierlauge über 19° Bé stark ist bei ungestreckter Behandlung oder über 21° Bé bei gestreckter Behandlung.

Knaggs änderte die Methode ab. 5 ccm einer Lösung von 0,1 g Benzopurpurin 4 B auf 1 Liter, verdünne auf 100 ccm. In dieser Lösung werden die zu prüfenden Fasern ausgefärbt. In das heiße Bad gibt man 2 ccm starke Salzsäure, bis die nicht mercerisierte Baumwolle blauschwarz erscheint. Die mercerisierte Baumwolle bleibt dann noch rot. Die Reduktion des Farbstoffes mit Titanchlorid ist in diesem Falle nicht nötig. In ähnlicher Weise läßt sich auch Oxyzellulose erkennen. Man färbt mit Kongorot tief an, legt dann in Säuren und wäscht so lange, bis die unveränderte Baumwolle rot aussieht. — Die Oxyzellulose sieht dann schwarz aus. — Mercerisierte Baumwolle sieht dann rot aus.

Verfahren von David.

David[2]) spannt ein Muster des zu untersuchenden Garns oder Gewebes in einen Spannrahmen und betupft es an drei Stellen mit Lauge von 40° Bé, 20° Bé und 13° Bé. Dann wird gespannt ausgewaschen und mit Congorot ausgefärbt. War das Muster nicht mercerisiert, so zeigen die mit Natronlauge betupften Stellen eine intensivere Färbung; auch bei nur teilweiser Mercerisierung

---

[1]) Journ. Soc. Dyers und Col. 1908, 112. Zeitschr. f. angew. Chemie 1909, 249.

[2]) Lehnes Färberzeitung 1908, S. 11.

zeigen sich noch Unterschiede in der Farbstärke, während diese bei bereits mercerisiertem Garn nicht auftreten.

Bestimmung des Mercerisierungsgrades.

Für die Praxis kann es unter Umständen von Wichtigkeit sein, festzustellen, wie das Gewebe oder Garn mercerisiert worden ist, z. B. welche Konzentration die Lauge beim Mercerisieren irgend einer Probe gehabt hat.

Verfahren von Vieweg.

Vieweg[1]) stellte fest, daß mercerisierte Zellulose, wenn man mit Laugen von 4—16 % Gehalt an NaOH gearbeitet hat, bei der nachherigen Behandlung mit 2 proz. Lauge eine mit der Stärke der Lauge wachsende Menge NaOH aufzunehmen vermag. Über 16 % findet keine Steigerung dieses Absorptionsvermögens statt. Man kann so feststellen, bis zu welchem Grade die Mercerisation vorgeschritten ist. Vieweg nennt diesen Grad Mercerisationsgrad.

Natronaufnahme von mit Lauge vorbehandelter Watte aus 2 proz. Lauge:

100 g Zellulose,	
nicht vorbehandelt	1,0 % NaOH
vorbehandelt mit Lauge von	
4 % nehmen aus 2 proz. Lauge auf	1,0 ,, ,,
8 ,, ,, ,, ,, ,, ,,	1,4 ,, ,,
12 ,, ,, ,, ,, ,, ,,	1,8 ,, ,,
16 ,, ,, ,, ,, ,, ,,	2,8 ,, ,,
20 ,, ,, ,, ,, ,, ,,	2,8 ,, ,,
24 ,, ,, ,, ,, ,, ,,	2,8 ,, ,,
28 ,, ,, ,, ,, ,, ,,	2,9 ,, ,,
32 ,, ,, ,, ,, ,, ,,	2,9 ,, ,,
50 ,, ,, ,, ,, ,, ,,	2,9 ,, ,,

Man kann so aus der Bestimmung des aufgenommenen Natrons schließen, welche Vorbehandlung die Watte durchgemacht hatte.

[1]) Berichte der deutschen chem. Gesellschaft 1907, 3879. Zeitschr f. angew. Chemie 1908, 865.

Man bringt in ein Pulverglas mit Glasstopfen 200 ccm 2 proz. Lauge, die vorher genau eingestellt ist. 3 g trockene oder 3,3 g lufttrockene Baumwolle werden mit der Lauge ½ Stunde geschüttelt; alsdann pipettiert man 50 ccm Lauge heraus und titriert.

Entsprachen vor der Behandlung 50 ccm Lauge 50 ccm Säure, nach dem Versuch aber 48,9, so ist 1,1 ccm Säure äquivalent der von der Baumwolle aufgenommenen Lauge. Daher entspricht der Mercerisationsgrad $1{,}1 \times 4 \times 0{,}2 : 3 = 2{,}9$.

Verfahren von E. Knecht.

Knechts Studien[1]) über die Farbstoffaufnahme mercerisierter Baumwolle, die im Vorhergehenden bereits angeführt wurden, ergaben folgende Beziehungen zwischen Stärke der Lauge und Aufnahme von Benzopurpurin 4 B auf der Faser:

Stärke der Lauge spez. Gew.	Benzopurpurin auf Faser	Stärke der Lauge spez. Gew.	Benzopurpurin auf Faser
1,050	1,77 %	1,225	3,15 %
1,100	1,88 %	1,250	3,27 %
1,125	2,39 %	1,275	3,38 %
1,150	2,57 %	1,300	3,50 %
1,175	2,95 %	1,325	3,60 %
1,200	3,02 %	1,350	3,66 %

Um zu ermitteln, mit wie starker Lauge Baumwollgarn mercerisiert worden ist, wird eine gewogene Menge des zu untersuchenden Garns zusammen mit einer gewogenen Menge nicht mercerisierten Garnes möglichst ähnlicher Art im gleichen Bade mit 3 % Benzopurpurin 4 B, 5 % Soda, 10 % Salz in der 20 fachen Menge Wasser gefärbt und die aufgenommene Farbstoffmenge beider Proben quantitativ mit Titanchlorid bestimmt. Die mit Wasser leicht gespülten Stränge werden mit verdünnter Salzsäure übergossen und mit Titanchloridlösung von bekanntem Gehalt im Überschuß einige Zeit gekocht, bis aller Farbstoff zerstört ist. Der Überschuß an Titan wird mit Eisenalaun unter Anwendung von Rhodankalium als Indikator zurücktitriert. Hat die Vergleichsprobe 1,77 % Farbstoff aufgenommen, so kann

[1]) Journ. Soc. Dyers und Col. 1908, Bd. 24, S. 68. Ref.: Chem.-Zeitung Repert 1908, 272, und Lehnes Färberzeitung 1908, 276.

die mercerisierte direkt nach der Tabelle bestimmt werden; hat erstere mehr oder weniger Farbstoff aufgenommen, so wird die mercerisierte proportional mehr oder weniger aufgenommen haben. Für Garn wurden dabei recht gute Resultate erhalten. Bei Stückware dagegen weniger befriedigend, da letztere ungleichmäßiger mercerisiert wird.

O. Miller [1]) hat ebenfalls aus der Farbstoffaufnahme von substantiven Farbstoffen z. B. Geranin G und Chrysophenin, den Mercerisationsgrad zu bestimmen gesucht. Zelluloseproben von verschiedenen Mercerisationsgraden und eine Probe gewöhnlicher Zellulose werden in Lösungen der Farbstoffe (1 : 1000) 36 Stunden bei 25° C ausgefärbt, darauf zweimal gewaschen, zwischen Fließpapier abgepreßt und an der Luft getrocknet. Zwecks Vergleichs der Färbungen wurden Farbenskalen ausgearbeitet, wobei die Färbung der nicht mercerisierten Faser = 1 gesetzt wird. Durch Mischung von Auramin und Fuchsinlösung und Aufdruck auf Baumwollgewebe wurden sowohl für Geranin wie Chrysophenin die Skalen hergestellt.

Mercerisationsgrad ausgedrückt in Proz. NaOH	Färbung für Geranin. G.	Chrysophenin
0	1,0	1,0
1	1,0	1,0
3	1,0	1,0
7	1,0	1,0
9	1,5	1,25
11	2,0	1,75
12	2,25	2,0
15	2,75	2,25
25	4,0	3,50

Nach Miller macht diese Methode der Intensitätsbestimmung auf größere Genauigkeit keinen Anspruch.

J. Hübner [2]) glaubt die von ihm (S. 81) vorgeschlagene Chlorzinkjodprobe, bei welcher die Intensität der Blaufärbung mit der Konzentration der zum Mercerisieren verwendeten Lauge steigt, für die Bestimmung des Mercerisationsgrades verwenden zu können. So einfach diese Bestimmung erscheint, so ist sie wie alle kolorimetrischen Bestimmungen nicht genau.

---

[1]) Berichte der deutschen chem. Gesellschaft 1910, S. 3430.

[2]) Chem. Zeitung 1908, 220.

Verfahren von Schwalbe.

Zum Schluß möge noch die Hydrolysierzahl von Schwalbe[1]) Erwähnung finden, die ebenfalls den Mercerisationsgrad zu bestimmen gestattet. Mercerisierte Baumwolle wird je nach der Konzentration der zum Mercerisieren verwendeten Lauge bei der Hydrolyse durch verdünnte Schwefelsäure mit verschiedener Geschwindigkeit gespalten, wobei die Hydrolysiergeschwindigkeit durch die Kupfermenge ausgedrückt ist, die nach $^1/_4$ stündiger Hydrolyse in den Hydrolysierprodukten aus einem gewissen Quantum Fehlingschen Lösung abgeschieden wird.

	Hydrolysierzahl	Kupferzahl
1 Verbandwatte	3,3	1,1
2 ,, mit 8 proz. Natronl. mercerisiert	3,2	0,9
3 ,, ,, 16 ,, ,, ,,	5,0	1,3
4 ,, ,, 24 ,, ,, ,,	6,1	1,2
5 ,, ,, 40 ,, ,, ,,	6,6	1,9

3 g Substanz werden $^1/_4$ Stunde mit einer bestimmten Menge Schwefelsäure unter Rückfluß und starker Rührung gekocht; dann wird heiß mit Natronlauge neutralisiert, sofort ein bestimmtes Quantum Fehlingscher Lösung zugegeben und wieder $^1/_4$ Stunde gekocht. Die gebildete Menge Kupfer wird elektrolytisch bestimmt und der Wert auf 100 g Zellulose umgerechnet. Zieht man von dieser Hydrolysierzahl die Kupferzahl (die das Reduktionsvermögen der ursprünglichen Substanz vor der Hydrolyse in Grammen Kupfer ausdrückt, die von 100 g Substanz ausgeschieden werden) ab, so ergibt die Größe der Differenz den Grad der Hydratisierung Je größer die Differenz, um so stärker ist die Hydratation, wie man an den Zahlen für die Kunstseiden, die hier weggelassen sind, sehen kann.

Von den erwähnten Verfahren, den Mercerisationsgrad zu bestimmen, ist ohne Zweifel das Viewegsche das einfachste. Das Anwendungsbereich ist aber beschränkt. Die übrigen Verfahren sind verhältnismäßig (bis auf das Hübnersche) umständlich in der Ausführung. Das Verfahren von Knecht gestattet die Verfolgung des Mercerisationsgrades innerhalb weiter Grenzen.

---

[1]) Zeitschr. f. angew. Chemie 1908, 1321; 1909, 197.

IV. Die Ausführung der Mercerisation in der Praxis.

Die beim Mercerisieren im allgemeinen zu beachtenden Punkte sind folgende:

a) Nur langstapeliges Garn oder Gewebe aus solchen geben den erforderlichen schönen Glanz. Am besten verhält sich die sogenannte Mako-Baumwolle, doch wird heute schon eine große Menge amerikanischer Baumwolle benützt, auf der ebenfalls ein vorzüglicher Glanz erreicht wird.

Auch die Art wie das Garn gesponnen wird, ist nicht ohne Einfluß auf den entstehenden Glanz. Am besten eignen sich Garne, die aus langfaseriger gekämmter, nicht gekardeter Baumwolle gesponnen sind und nicht zu harte Drehung haben. Einzelne Spinnereien liefern speziell für Mercerisation bestimmte Garne.

b) Der Glanz tritt nur dann in vollem Maße auf, wenn das Strecken in Verbindung mit der Behandlung mit Natronlauge vorgenommen wird.

Durch Einwirkung starker kalter Natronlauge erfährt die Baumwolle eine merkliche Einschrumpfung und zwar ist dies bei sämtlichen Baumwollsorten wahrnehmbar. Wird durch geeignete Vorrichtung dieses Einschrumpfen verhindert, oder wird das eingeschrumpfte Garn wieder auf die ursprüngliche Länge gestreckt, und zwar während der Zeit, wo die Baumwolle sonst noch der Einschrumpfung unterliegen würde, entsteht der seidenähnliche Glanz.

c) Je genauer diejenigen Bedingungen gewählt werden, unter welchen einerseits das Einschrumpfen am stärksten eintritt und andererseits der Einschrumpfung am stärksten entgegengewirkt wird, desto besser ist der Glanz.

Versuche bezüglich Eingehens der Baumwolle in Strangform bei verschiedenen Temperaturen und mit verschiedenen konzentrierten Laugen ergaben folgende interessante Verhältniszahlen:

Das Eingehen der Baumwolle bei verschiedenen Temperaturen und bei verschi Konzentration der Natronlauge durchschnittlich in Prozenten ausgedrückt:

Natronlauge	5° B.			10° B			15° B.			25° B.			30° B.			35°	
Einwirkungszeit in Minuten	1	10	30	1	10	30	1	10	30	1	10	30	1	10	30	1	1…
Mercerisiert bei Temperatur von																	
2° C.	0	0	0	1	1	1	12,2	15,2	15,8	19,2	19,8	21,5	22,7	22,7	22,7	24,2	24
18° C.	0	0	0	0	0	0	8	8,8	11,8	19,8	20,1	21	21,2	22	22,3	23,5	23
30° C.	0	0	0	0	0	0	4,6	4,6	6	19	19,5	19	18,5	19,5	19,8	20,7	21
80° C.	0	0	0	0	0	0	3,5	3,5	9,8	13,4	13,7	14,2	15	15,1	15,5	15	15

Es ergibt sich daraus die interessante Tatsache:

1. daß die Natronlauge bis zu 10° B. überhaupt keine Einschrumpfung bewirkt,
2. daß die Dauer der Einwirkungszeit von keinem wesentlichen Einfluß ist,
3. daß 35 grädige Lauge besser wirkt als 30 grädige, wenn auch der Unterschied kein wesentlicher ist. Versuche mit 40 grädiger Lauge wurden auch gemacht, jedoch nicht in die Tabelle aufgenommen, da die 40 grädige Natronlauge sich nicht besser verhält in Bezug auf Einschrumpfen als die 35 grädige und das Netzen der Baumwolle in 40 grädiger Lauge Schwierigkeiten bietet; schließlich
4. daß die Temperatur der Natronlauge 15—20° C. nicht übersteigen sollte.

d) Die Dauer der Einwirkungszeit und die mechanische Bearbeitung der Baumwolle während der Einwirkung sind nebensächliche Faktoren.

Ob die Baumwolle trocken oder feucht der Einwirkung der Natronlauge ausgesetzt wird, ist nebensächlicher Natur. Die Bedingungen müssen nur solcher Art sein, daß die Natronlauge die Baumwolle vollkommen durchtränkt; ist dies der Fall, so übt die Natronlauge ihre Wirkung auf die Baumwolle aus. Ob die Baumwolle einige Minuten oder einige Stunden mit Lauge behandelt wird, ändert nicht viel an dem Resultat, wie sich aus der Vergleichstabelle ergibt. Ebenso ist die mechanische Bearbeitung der Baumwolle, vorausgesetzt, daß die gleichmäßige Durchtränkung der Baumwolle ohne diese Bearbeitung erfolgt, unnötig.

Viele meinen, der Glanz würde wesentlich durch die mechanische Bearbeitung bewirkt; man suchte Apparate zu konstruieren, in denen die Baumwolle möglichst viel gestreckt und geschlagen wird, und erzielte dadurch einen glatten gedrückten Faden, zugleich viel Fadenbrüche, aber genau denselben Glanz, wie ohne mechanische Bearbeitung.

Man muß hierbei berücksichtigen, daß die Einschrumpfung, welche die Baumwolle durch die Natronlauge erfährt, schon an und für sich eine solch' riesige Kraft ausübt, daß ein kleines Strängchen Baumwolle gespannt den stärksten Glasstab zur Zertrümmerung bringt, und das es bei diesem horrenden Druck, welchen die Faserspannung ausübt, nicht viel ausmacht, wenn noch ein äußerer Druck hinzukommt. Dagegen ist es wesentlich, daß, nachdem die Baumwolle mercerisiert wurde, durch äußere Einwirkung, Chevilliren, Pressen usw. der Glanz zur vollen Geltung gebracht werde.

e) Die Baumwolle muß durch Strecken während oder nach der Natronlaugebehandlung die höchste Spannung erfahren und darf nach dem Auswaschen der Natronlauge nicht wieder eingehen.

Als Maßstab zur Beurteilung kann dienen: bei Garn, daß es nach dem Mercerisieren mindestens die gleiche Länge wie das Rohgarn habe, wenn leicht ausführbar, sei es eher 3—5 % länger; bei Gewebe, daß es nach dem Mercerisieren die gleiche Breite wie vorher habe.

Es lag in der Natur der Sache, daß, nachdem die Wirkung der Spannung erkannt wurde, man meinte, das Spannen durch Ausübung stärkerer Gewalt noch besonders erhöhen zu können; auch hier waren Fadenbrüche bei Gespinsten und abgerissene Leisten bei Geweben die Folge, ohne daß der Effekt dies hätte rechtfertigen können.

Daß man so weit als möglich spannen wird, ist selbstverständlich, wichtiger jedoch ist, daß darauf geachtet werde, daß die Baumwolle vor dem Verlassen der Streckmaschine genügend entlaugt wird. Ist die Enlaugung nicht genügend, so schrumpft dementsprechend die Baumwolle wieder ein und je nach der stärkeren oder geringeren Einschrumpfung vermindert sich auch der Glanz der Baumwolle.

Das Mercerisieren der Garne.

A. Mercerisieren der Garne ohne Spannung.

Das Mercerisieren von Garnen ohne Spannung wird selten und nur von einzelnen Fabriken ausgeführt. Die Baumwolle erhält durch das Mercerisieren ohne Spannung ein mehr wollähnliches Aussehen, das in der Wirkwaren-Industrie erwünscht ist. Auch der Glanz ist etwas besser als der der gewöhnlichen Baumwolle, aber mit dem unter Spannung erzielten nicht zu vergleichen. Ein Hauptvorteil dieser Baumwolle ist ferner, daß der Farbstoffverbrauch um ca. 25—30 % geringer ist als bei unmercerisierter Baumwolle. Das Verfahren wird vornehmlich für schwarze und ähnliche tiefe Farben benützt.

Die Ausführung ist sehr einfach, indem die Baumwollstränge mit einer Natronlauge von 10—12° Bé ¼—½ Stunde in der gewöhnlichen Kufe umgezogen werden. Wird feuchte Baumwolle benützt, dann kann die Behandlung mit Natronlauge bei 15—20° C erfolgen; wird, wie dies vielfach geschieht, trockene ungekochte Baumwolle benützt, so erhitzt man das Laugenbad auf 25—30° C.

Ein gutes Spülen der Garne nach der Behandlung ist in allen Fällen wünschenswert. Wird das Garn für Oxydationsschwarz benützt, so muß dasselbe nach dem Spülen abgesäuert und wieder gespült werden. Zu beachten ist bei diesem Verfahren, daß das Garn nach dem Spülen und vor dem Färben nicht zu lange liegen bleiben, noch viel weniger getrocknet werden darf, da sonst die obenerwähnte Ersparnis an Farbstoff eine wesentliche Verminderung erfährt.

B. Mercerisieren der Garne unter Spannung.

Dieses Gebiet der Mercerisation hat eine außerordentliche Ausdehnung erlangt und die Erfolge sind in quantitativer wie auch qualitativer Beziehung hervorragend.

Das wichtigste Behelf zur guten Ausführung der Mercerisation ist eine gute Streckmaschine, wie solche von den meisten Textilmaschinenfabriken je nach Bedarf in verschiedenen Größen geliefert werden, und zwar haben sich diejenigen Maschinen am besten bewährt, bei denen das Strecken mittels elastischer Spannung ermöglicht wird.

In den später folgenden Skizzen ist eine Anzahl der meistbenützten Maschinen wiedergegeben.

Die Arbeitsweise beim Mercerisieren ist folgende:

1. **Das Sengen oder Gasieren der Garne.** Die zum Mercerisieren kommenden Garne müssen vorher gasiert sein, weil es sich gezeigt hat, daß gut gesengte Garne immer viel glanzreicher werden.

2. **Auskochen oder Netzen der Garne.** Die gesengten Garne werden in üblicher Weise mit Soda oder Natronlauge ausgekocht, wofür man 2—3 kg Soda calc. oder 2—3 kg Natronlauge 48^0 Bé pro 100 kg Baumwolle nimmt und je nach der vorhandenen Einrichtung kocht. Beim Auskochen im Druckkessel genügen 1 Stunde, beim Kochen in der Kufe 3—4 Stunden. Zum Auskochen können auch die beim Mercerisieren ablaufenden laugehaltigen Spülwasser benützt werden; man nimmt dann meist solche, die $\frac{1}{2}$—1^0 Bé spindeln.

Die gekochten Garne werden nachher in kaltem Wasser gespült und so geschleudert.

Vielfach wird das Auskochen der Garne unterlassen und dieses durch ein Vornetzen derselben mit 2—3 % Türkischrotöl im warmen Bade ersetzt.

Es ist fraglos, daß das Auskochen besser als das Netzen wirkt, aber es ist zu berücksichtigen, daß durch das Auskochen ein Gewichtsverlust von 3—4 % eintritt, und in den Fällen, wo das Garn nach Gewicht abzuliefern ist oder verkauft wird, ist es richtiger, zum Netzen mit Türkischrotöl seine Zuflucht zu nehmen.

Andererseits hat das Nichtabkochen der Garne auch noch den Nachteil, daß die Unreinigkeiten derselben in die Natronlauge gehen und diese bei längerem Gebrauch verschmutzen, ein Übelstand, der sich auch in der Färbung des mercerisierten Garnes erkennbar macht, aber die 3—4 % Gewinn am Gewicht spielen vielfach eine große Rolle.

3. Die Behandlung mit Natronlauge. Zum Mercerisieren werden die feuchten ausgekochten oder genetzten Garne genommen und zwar ist darauf zu sehen, daß das Garn möglichst gleichmäßig und nur ganz mäßig feucht sei.

Viele Fehler, die beim Mercerisieren auftreten, sind nur darauf zurückzuführen, daß das ausgekochte Garn nicht gleichmäßig feucht zum Mercerisieren kommt. Besonders wenn das Garn nach dem Auskochen stundenlang liegt und stellenweise austrocknen kann, resultieren ungleiche Garne. Man lasse nur so viel Baumwolle abkochen und zentrifugieren, als denselben Tag verarbeitet werden kann, oder zum mindest lasse man sie zentrifugiert nicht zu lange liegen.

Die Garne werden dann auf der Maschine mit 30^0iger, kalter Natronlauge behandelt.

Wenn auch eine direkte Kühlung der Natronlauge nicht erforderlich erscheint, so ist es doch recht wesentlich, daß die Natronlauge keine höhere Temperatur als ca. 15—18^0 C erreiche.

Als Typus der Arbeitsweise kann folgende gelten:

Die schwach feuchten Garne kommen auf der Mercerisierungsmaschine erst in das 30^0 Bé starke Natronlaugebad, werden dort stark gestreckt und gehen von da automatisch in ein zweites Bad, welches wie das erste mit gleichstarker Natronlauge besetzt ist. Die Garne rücken weiter und werden an dieser dritten Stelle stark abgequetscht; die abfließende Lauge wird wieder zur Mercerisierungsflotte zurückgeleitet.

Das Garn rückt an die vierte Stelle weiter, wo es mit nur wenig warmem Wasser bespritzt und abgequetscht wird. Die ablaufende Natronlauge mißt je nach dem Zulauf des Wassers 10—12^0 Bé und wird in ein hochgelegenes Bassin gepumpt, in welchem sie dann auf 30—40^0 Bé eingedampft wird.

Nun folgt die fünfte und sechste Stelle, wo das Garn mit viel heißem Wasser fertig gespült wird. Das hier ablaufende Spülwasser kann wohl auch noch zum Eindampfen benützt werden, doch wäre dies schon zu kostspielig, so daß dieses schwache laugenhaltige Spülwasser besser zum Vorkochen der Garne oder auch zum Auflösen des Natronhydrats benützt wird.

Das Garn wird dann abgenommen und für viele Zwecke, so zum Färben oder Bleichen benützt, oder auch, wenn das Garn ungefärbt verschickt werden soll, erst schwach auf einer Barke abgesäuert, gespült und so getrocknet.

Nach dem Trocknen werden die Garne sehr stark chevilliert. Stehen die üblichen Seidenchevilliermaschinen zur Verfügung, so ist die Benützung dieser sehr zu empfehlen; ist dies nicht der Fall, so kann das Garn auch mit der Hand wie üblich chevilliert werden. Es sind auch spezielle kleine Chevilliermaschinen konstruiert worden, bei denen dies unter Zuströmen von Dampf geschieht, doch haben sich diese nur wenig bewährt.

Beim Mercerisieren der Garne ist zu beachten:

a) Das Gasieren der Garne vor dem Mercerisieren ist mehr als wünschenswert.

b) Das vorgekochte oder gut genetzte Garn komme sehr stark zentrifugiert mit wenig Feuchtigkeit zum Mercerisieren. Es darf auch nicht nach dem Zentrifugieren und vor dem Mercerisiren zu lange liegen bleiben, weil sonst ungleichmäßige Garne resultieren.

c) Die zum Mercerisieren dienende Lauge sei 28—32^0 Bé stark und nie wärmer als ca. 15—18^0 C. Sie muß von Zeit zu Zeit daraufhin geprüft werden, daß sie nicht zu viel Soda enthält und nicht eisenhaltig sei (siehe Abhandlung über Natronlauge im nächsten Kapitel).

d) Zum Spülen benütze man warmes Wasser, das weich und vollkommen klar ist. Vielfach wird hartes Wasser zum Spülen benützt, und da es meist nur auf 50^0 C erhitzt wird, tritt wohl eine Trübung, aber keine Enthärtung ein. Solches Wasser bewirkt dann eine Verminderung des Glanzes und wenn einzelne Fabriken glanzreicheres Garn als die anderen liefern, so ist dies vielfach auf die Verwendung von weichem kalkfreiem Wasser zurückzuführen.

e) Das Strecken der Garne erfolge so stark als möglich; wenn die Garne gespült abgenommen werden, müssen sie mindestens die gleiche Länge wie das Rohgarn besitzen.

f) Die Garne dürfen nach dem Spülen nur ganz schwach alkalisch sein, was durch Betupfen mit rotem Lackmuspapier oder besser mit gelbem Curcumapapier leicht zu konstatieren ist. Um an Spülwasser zu sparen, werden die Garne vielfach noch stark laugenhaltig abgesäuert. Ein so abgesäuertes Garn hat aber nie den gleichen Glanz wie ein zunächst sehr gut gespültes und dann erst abgesäuertes Garn.

g) Ein gutes Chevillieren erhöht in allen Fällen den Glanz, wenn auch zu berücksichtigen ist, daß das nachherige Aufspulen oder Verarbeiten der Garne häufig das Chevillieren ersetzen kann.

Die Rückgewinnung der Natronlauge beim Mercerisieren von Garnen.

Wie bereits auf vorhergehender Seite erwähnt, wird ein größerer Teil der Natronlauge schon durch das bloße Abquetschen an der dritten Stelle zurückgewonnen.

Die vom Spülen ablaufende erste Flotte, die ca. 10—12° Bé mißt, wird in ein hochstehendes Sammelbassin gepumpt und dort mittels geschlossener Dampfröhren auf 30—40° eingedampft. Es ist notwendig, daß das Eindampfungsgefäß immer zugedeckt sei und daß von Zeit zu Zeit der Lauge etwas gelöschter Kalk beigefügt werde, denn durch die Kohlensäure der Luft bildet sich sonst zu viel kohlensaures Natron. Der sich bildende kohlensaure Kalk setzt sich am Boden ab.

Statt diese 10—12-grädige Lauge mittels geschlossener Dampfrohre zu konzentrieren, können hierzu spezielle Eindampfapparate, wie sie von den Firmen J. P. Bemberg, Akt.-Ges. in Barmen und Paul Kestner in Berlin W 35, geliefert werden, zur Anwendung gelangen.

Die vom letzten Spülen kommenden Spülwässer, die nur 2—4° Bé messen, werden vielfach fortlaufen gelassen, doch ist dies bei einem rationellen Betrieb nicht statthaft, da die Kosten der Natronlauge ziemlich hohe sind und jeder Verlust vermieden werden müßte.

Die einfachste Rückgewinnung besteht nun darin, daß diese schwach laugehaltigen Abwässer, soweit sie nicht zum Vorkochen der Garne benützt werden, zum Auflösen des Natronhydrats dienen.

Wohl wird vielfach fertige Natronlauge gekauft, weil deren Anwendung viel bequemer ist, aber zur Verwertung der dünneren Abwässer ist es richtiger, Natronhydrat in Stücken zu beziehen und dieses in der dünnen laugenhaltigen Flotte aufzulösen.

(Betr. Auflösen des Natronhydrats sei auf Seite 125 verwiesen).

Bleichen der Garne.

Das Bleichen der Baumwolle kann wohl auch vor dem Mercerisieren erfolgen, geschieht jedoch im allgemeinen nach dem Mercerisieren.

Zum Bleichen der mercerisierten Baumwolle wird meist unterchlorigsaures Natron benützt, indem die Garne in eine solche Lösung, die $\frac{3}{4}$—1° Bé spindelt, eingelegt werden und in dieser Flotte einige Stunden verbleiben. Die Flotte wird dann abgepumpt oder abgelassen, das Garn einmal mit kaltem Wasser gespült und hierauf mit $\frac{1}{2}$° Bé starker Salzsäure abgesäuert.

Dem Absäuern folgt gründliches Spülen; dem letzten Spülbade wird etwas unterschwefligsaures Natron oder Bisulfit zugefügt, damit jede Spur Chlor entfernt werde.

Färben der mercerisierten Garne.

Es sind zwei Momente, die beim Färben mercerisierter Garne besonders hervortreten:

1. das rasche Aufziehen der Farbstoffe,
2. eine Farbstoffersparnis, die bei mittleren Nuancen ca. 20 % und bei dunklen ca. 30 % beträgt.

Während die Ersparnis an Farbstoff als unbedingter Vorteil angenommen werden kann, ist dies in bezug auf das zu rasche Aufziehen der Farbstoffe weniger der Fall, im Gegenteil, es kommt sehr leicht vor, daß ein großer Teil der Färbungen durch das zu rasche Aufnehmen der Farbstoffe unegal wird. Beim Färben muß daher diesem Umstand besonders Rechnung getragen werden.

Zu diesem Zweck wird für die Färbungen mit direkt färbenden Farbstoffen die Salzmenge wesentlich erniedrigt und ebenso beim Färben der basischen Farbstoffe die Menge der Beizmittel; das Analoge gilt für das Färben von Anilinschwarz, Paranitranilinrot usw. Ferner muß darauf gesehen werden, daß die Farbbäder nicht zu rasch erhitzt werden.

Das Färben mit direktfärbenden Farbstoffen. Die direktfärbenden Farbstoffe sind zum Färben der mercerisierten Garne am besten geeignet, weil sie der Baumwolle ihren Glanz bewahren.

Bei höheren Ansprüchen an Waschechtheit sind entweder nachbehandelte Färbungen oder als Ersatz der direktfärbenden Farbstoffe, Schwefelfarben oder Küpenfarbstoffe zu verwenden. Besonders das Färben der mercerisierten Perlgarne, die für Stickereizwecke Verwendung finden, sollte fast ausschließlich mit Sulfinfarben oder Küpenfarben erfolgen.

Helle Nuancen werden gefärbt mit

	1—1½ %	Soda calc.
	1—2 %	Monopolöl, Türkischrotöl, oder ähnliche Sulfoleate
und	2—5 %	phosphors. Natron.

Man geht lauwarm ein, erhöht langsam auf 50—60° C und zieht ¼—½ Stunde bei dieser Temperatur um.

Für mittlere Nuancen nimmt man

	1 %	Soda calc.
	1—2 %	Monopolöl, Türkischrotöl oder ähnl. Sulfoleate
und	5—10 %	Glaubersalz crist.

Man geht bei 50—70° C ein und erhitzt nach ½ stündigem Hantieren langsam auf 80° C.

Für tiefe Nuancen und Schwarz werden

	2 %	Soda calc.
	1—2 %	Monopolöl, Türkischrotöl oder ähnl. Sulfoleate
und	20 %	Glaubersalz crist.

genommen; es wird bei 60—70° C eingegangen und langsam zum Kochen getrieben.

Die Nachbehandlung erfolgt wie bei den normalen Garnen.

Besonders stark finden für schwarze Färbungen die zu diazotierenden und entwickelnden Farbstoffe Verwendung, in erster Linie Diaminogen, Oxydiaminogen, Sambesischwarz, Diazoechtschwarz usw. Nach dem üblichen Färben werden die Garne diazotiert und mit Phenylendiamin entwickelt. Vielfach findet auch Phenylendiamin mit Resorzin oder Betanaphtol kombiniert Verwendung.

Das Färben mit basischen Farben. Als Norm kann gelten, daß die Tannin-, Antimonsalz, bzw. Brechweinstein-Bäder um ¼—⅔ schwächer angewandt werden, als bei gewöhnlicher Baumwolle.

Nach dem Beizen wird wie üblich gut gespült und beim Färben

selbst muß dem Färbebad etwas mehr Essigsäure als sonst zugegeben werden.

Das Färben mit Schwefelfarben. Die Schwefelfarben finden in letzter Zeit für mercerisierte Garne sehr starke Verwendung, aber immerhin ist zu berücksichtigen, daß der Glanz nie der gleich schöne ist, als wenn direktfärbende Farbstoffe zur Anwendung gelangen.

Beim Färben der Schwefelfarben ist die Salzmenge möglichst niedrig zu halten und die Schwefelnatriummenge etwas zu erhöhen; außerdem soll das Färben bei nicht höherer Temperatur als 70—80° C vorgenommen werden.

Während die helleren Nuancen alle in Kufen gefärbt werden, erfolgt das Färben der schwarzen Garne vielfach im Apparat und zwar geschieht dies vornehmlich auf dem Obermaier Apparat, auf dem sehr gute Resultate erhalten werden.

Das Färben von 100 kg merc. Garn mit einem der üblichen Sulfinschwarz dauert mit dem Spülen ca. 2 Stunden. Sehr wesentlich ist es, darauf zu achten, daß die mit Sulfinschwarz gefärbten Stränge zum Schluß mit Seife, Soda oder essigsaurem Natron zu behandeln sind.

Ebenso muß sehr darauf geachtet werden, daß, wenn die Garne zum Schluß krachend gemacht werden sollen, dem Avivierungsbade unbedingt essigsaures Natron beigefügt wird, weil sonst die Garne mit der Zeit zu leicht brüchig werden. Besonders bei den stark krachend gemachten Garnen hat sich dieser Übelstand, wenn die Zugabe von essigsaurem Natron zum sauren Bade unterlassen wurde, geltend gemacht, so daß in letzter Zeit meist die entwickelten Diamin-Färbungen vorgezogen werden. Indessen kann eine Faserschwächung auch bei den Sulfinschwarz leicht vermieden werden, wenn nach der untenfolgenden Vorschrift gearbeitet wird.

Das Färben mit Alizarinfarben. Von den Alizarinfarben wird nur Alizarinrot auf mercerisierten Garnen gefärbt und auch dieses nur von einzelnen Fabriken, die nach speziellen Verfahren arbeiten, um den Glanz der Garne möglichst zu bewahren.

Das Färben mit Paranitranilinrot. Paranitranilinrot wird in gleicher Weise hergestellt wie sonst auf normalen Garnen. Man hatte sich im Anfang von der Herstellung dieses Rot sehr viel versprochen, später zeigte es sich, daß der Glanz und auch die Reibechtheit bei mercerisierten Garnen eine solche Verminderung erfährt, daß dadurch die schöne Lebhaftigkeit, welche die Garne erlangen, fast paralysiert wird.

Die Verwendung für Paranitranilinrot ist daher eine verhältnismäßig geringe.

Das Färben mit Küpenfarben. Die Küpenfarben finden vornehmlich für Perlgarne, die für Stickereizwecke dienen, Verwendung.

Das Färben geschieht in gleicher Weise wie das der gewöhnlichen Garne, nur ist hier noch mehr darauf zu achten, daß nicht bei hoher Temperatur gefärbt wird und ebenso auch, daß die Hydrosulfitmenge eine wesentliche Erhöhung erfährt.

Das Krachendmachen der mercerisierten Garne.

Das Krachendmachen der mercerisierten Garne ist eine der wesentlichsten Operationen und beruht darauf, daß die Garne, nachdem sie vorher eine fette Seifenpassage erhielten, durch ein Bad von Essigsäure, Ameisensäure, Oxalsäure, Milchsäure oder Weinsäure genommen werden.

Zwei sehr wichtige Punkte sind hierbei zu beachten:

1. daß die angewandten Farbstoffe durch die saure Passage nicht zu sehr verändert werden — die geeigneten Produkte sind aus den diesbezüglichen Tabellen der verschiedenen Farbenfabriken zu ersehen —,
2. daß beim Krachendmachen der schwarzen, mit Sulfinfarben hergestellten Färbungen unbedingt neben der organischen Säure ein organisches Salz, wie essigsaures oder ameisensaures Natron zur Flotte gesetzt werden muß.

Nachstehend einige Vorschriften aus der Praxis:

Man nimmt das gefärbte und stark zentrifugierte Garn in ein lauwarmes Seifenbad, welches

4—5 g Marseiller Seife im Liter

enthält, hantiert darauf $1/4$ Stunde, windet ab und geht auf ein zweites Bad, das je nach der gewünschten Stärke des krachenden Griffes enthält.:

5 g Ameisensäure 2 g Leim 1 g Kartoffelstärke ½ g Olivenöl	pro Liter Flotte.

Statt der Ameisensäure können auch
5 g Oxalsäure genommen werden.

Man hantiert das Garn in dem Säurebad einige Minuten, windet ab und trocknet in stark erhitztem Raum.

Handelt es sich um Färbungen mit Sulfinschwarz, dann muß dem Säurebad außerdem noch

6—8 g essigsaures Natron oder 4—5 g ameisensaures Natron	pro Liter Flotte

beigefügt werden.

Zu berücksichtigen ist dabei, daß durch Zugabe von etwas Weinsäure der Griff noch gesteigert werden kann.

Ferner gibt es viele, die spezielle Kunstgriffe zum Krachendmachen benützen, das Prinzip ist aber immer das gleiche. Einzelne setzen beim Krachendmachen noch etwas Tannin, die anderen noch etwas Leim zu, andere gehen noch weiter und behandeln die Färbungen erst mit Tannin, dann mit Brechweinstein und zum Schluß in den oben erwähnten Seife- und Säurebädern.

Garnmercerisierungsmaschine der Niederlahnsteiner Maschinenfabrik, G. m. b. H., Niederlahnstein a. Rh.

Die Maschine dürfte heute zu den meist verwendeten Maschinen zum Mercerisieren der Garne gezählt werden; eine der größten Färbereien in Deutschland hat mehr als 40 Stück davon in Gebrauch.

Fig. 1.

Die Maschine wird in vier Größen geliefert:

A	für	500	engl.	Pfund	pro	Tag
B	,,	600	,,	,,	,,	,,
C	,,	720	,,	,,	,,	,,
D	,,	12—2400	,,	,,	,,	,,

Die meist angewandte ist die C-Größe.

Die Laugenzirkulation bei der Niederlahnsteiner Maschine erfolgt nach folgender Skizze:

Das Laugebecken A ist mit einem Überlaufstutzen versehen, aus dem die überschüssige Lauge durch den Abfluß B in die Abflußrinne C und von hier durch die Querrinne D in das Bassin E läuft. Von hier aus wird die Lauge vermittels Pumpe F in das Bassin G gepumpt, von wo aus sie durch das Abflußrohr wieder in das Laugenbecken fließt.

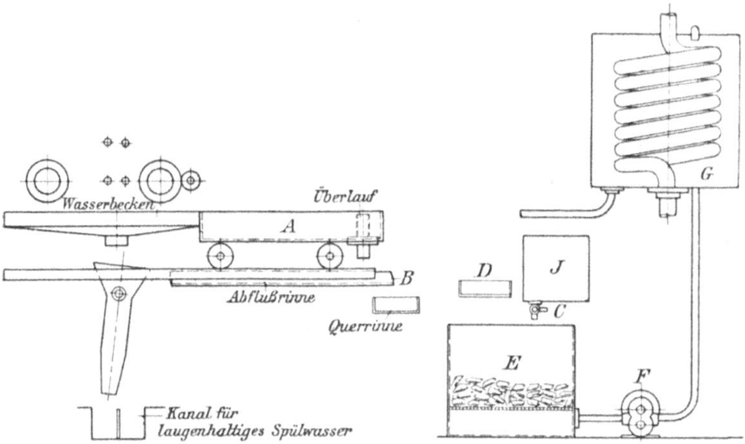

Fig. 2.

In dem Bassin G ist eine dreizöllige Kühlschlange angebracht, durch die ständig kaltes Wasser fließt, welches für die Kaltwasserspülung verwendet wird und auf diese Weise wird die Lauge stets gleichmäßig kühl gehalten.

Die Maschine arbeitet in der Regel mit 33⁰ Lauge. Es ist aber natürlich, daß dieselbe durch das Garn, welches Wasser enthält, abgeschwächt wird; aus diesem Grunde ist neben dem Bassin E das Tropfgefäß J angebracht, worin sich 45—48-grädige Lauge befindet. An diesem Tropfgefäß ist ein Hahn vorgesehen, und zwar ist derselbe so eingerichtet, daß stets so viel starke Lauge zufließt, daß die Lauge, mit der die Maschine arbeitet, immer auf gleicher Höhe erhalten bleibt.

Fig. 3.
Garnmercerisierungsmaschine von Joh. Kleinewefers Söhne.

Garnmercerisierungsmaschine von Joh. Kleinewefers Söhne, Krefeld.

Die Maschine, die sich sehr gut bewährt hat, arbeitet mit karussellartig angeordneten Walzenpaaren und bietet den Vorteil, daß die Walzen alle in horizontaler Ebene liegen, so daß die Übersichtlichkeit überaus erleichtert ist.

Die Maschine wird in neuerer Zeit auch mit Hebelspannung oder mit hydraulischer Garnspannung hergestellt, wodurch sie Vorzüge gegenüber den Maschinen älteren Systems besitzt.

Die Arbeitsweise ist ungefähr folgende:

An der ersten Stelle wird das feuchte Garn mit Lauge behandelt und stark gestreckt, wonach es dann automatisch zum zweiten Walzenpaar weiter rückt. Hier wiederholt sich die Laugenpassage wie beim ersten Paar. Nun rücken die Garne weiter und werden an der dritten Stelle stark abgequetscht. Die abfließende Lauge wird zur Mercerisierungflotte zurückgeleitet. Das Garn rückt an die vierte Stelle weiter, wird mit nur wenig warmem Wasser bespritzt und abgequetscht, so daß hier eine Natronlauge von 10—12^0 Bé resultiert. An der fünften und sechsten Stelle wird mit viel heißem Wasser gespült, so daß man eine Lauge erhält, die 2—3^0 Bé spindelt.

Wegen der Rückgewinnung der Lauge sei auf das nächste Kapitel verwiesen.

Außerdem liefert die gleiche Firma auch eine kleine „Lilliput"-Mercerisiermaschine, die mit hydraulischer Garnspannung arbeitet.

Garnmercerisierungsmaschine von C. G. Haubold jr., Chemnitz.

Auch bei der nachstehenden Maschine wird das Mercerisieren automatisch mittels elastischer Spannung ausgeführt und wie die vorhergehende Maschine ist auch sie sehr stark verbreitet.

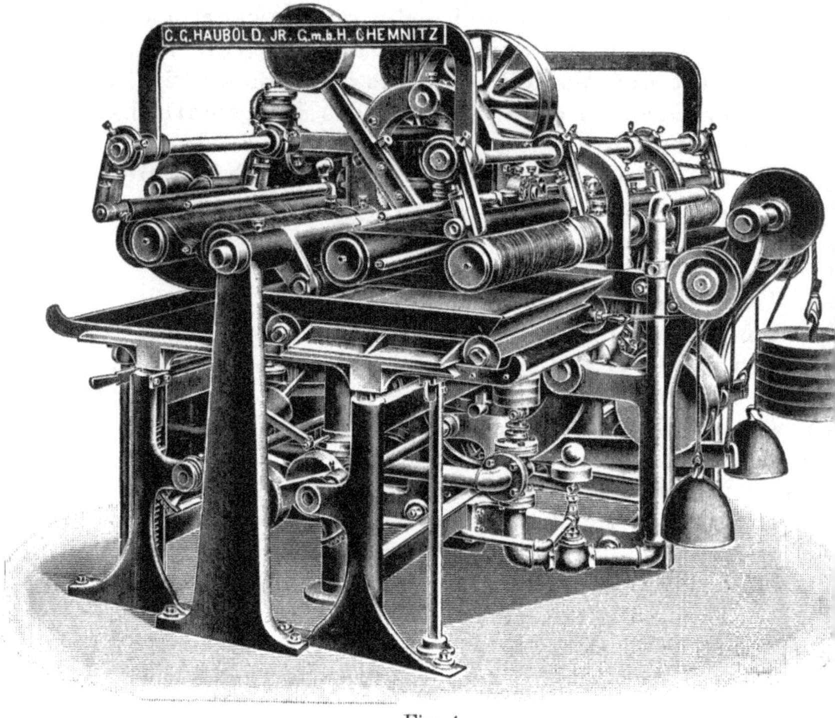

Fig. 4.

Zwischen dem verbundenen Ständerpaar sind die Antriebs- und Bewegungsmechanismen eingebaut. Alle außer der Beschickung sich nötig machenden Bewegungen werden automatisch ausgeführt, so daß der Arbeiter nur das Auflegen des Rohgarnes und das Abnehmen des mercerisierten und gewaschenen Garnes zu besorgen hat.

Die Maschine wird in verschiedenen Größen geliefert.

Garnstreckmaschine von Spencer & Sons, Manchester.

Die nachstehende Maschine von Spencer wird in England am meisten benützt und von vielen dortigen Maschinenfabriken geliefert. Sie hat Ähnlichkeit mit der vorhergehend besprochenen Kleinewefers'schen Maschine, nur daß sie vertikal arbeitet.

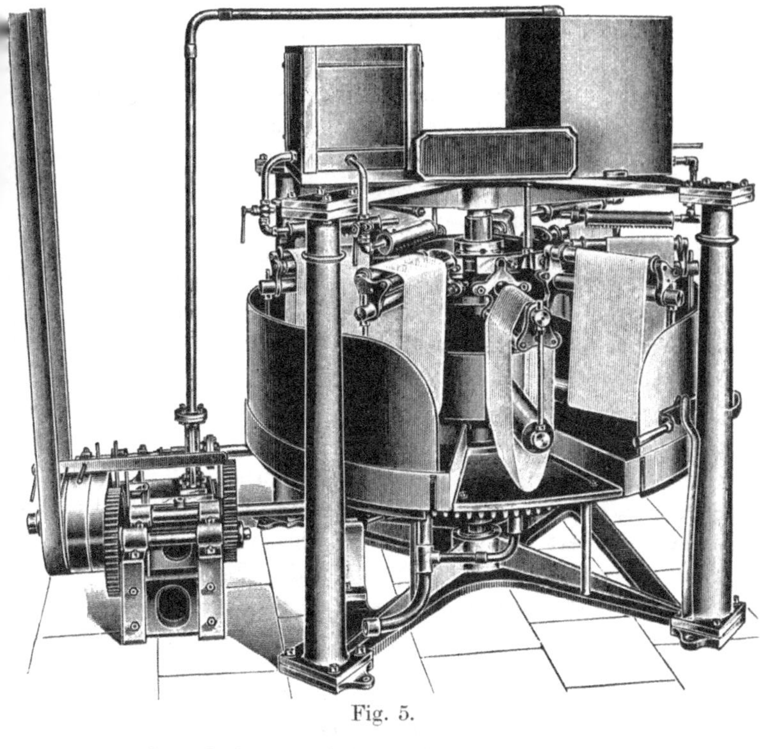

Fig. 5.

Außerdem liefern noch folgende Maschinenfabriken Mercerisiermaschinen für Garne:

Zittauer Maschinenfabrik und Eisengießerei, A.-G., Zittau i. S.

J. P. Bemberg, A.-G., Barmen.

Gebr. Wansleben, Krefeld

und andere mehr, die alle auf ähnlicher Basis wie die besprochenen konstruiert sind.

Das Mercerisieren der Gewebe.

Während im Anfang der Mercerisierung versucht wurde, mit allen möglichen Foulards, Jigger und Krabbmaschinen zurechtzukommen, hat es sich später gezeigt, daß ein genügender Mercerisationseffekt nur durch ein entsprechendes Strecken zu erreichen ist.

In den meisten Fällen werden zum Mercerisieren die üblichen Spannrahmen mit Kluppen benützt; für feine Gewebe, die das Strecken mit Kluppen nicht aushalten, sind Maschinen mit energisch wirkenden Ausbreitvorrichtungen in Anwendung.

Die zum Mercerisieren kommende Ware war im Anfang aus reiner Makobaumwolle gewebt, später war man genötigt, auch die billigere amerikanische Baumwolle mitzuverwenden und heute gibt es bereits eine große Anzahl Artikel, die nur aus amerikanischer Baumwolle hergestellt werden. Besonders durch die Entwicklung der Appreturen war es möglich, auch auf Geweben aus amerikanischer Baumwolle sehr gute Effekte zu erzielen.

Vorbehandlung der Gewebe.

Eine allgemeine Regel bezüglich der Vorbehandlung der zum Mercerisieren gelangenden Gewebe gibt es nicht, weil sich diese mehr nach der Art der betreffenden Fabrikation richtet.

Wir unterscheiden im allgemeinen drei Methoden:

a) Die Ware wird gleich nach dem Sengen mercerisiert.
b) Die gesengte Ware wird in normaler Weise vorgekocht, (gebäucht), getrocknet und so mercerisiert.
c) Die gesengte Ware wird im Jigger oder im Foulard mit Diastafor behandelt und so mercerisiert.

Es ist fraglos, daß die Methode b) die besten Resultate liefert, aber gegenüber dem so einfachen Verfahren unter a) ist sie auch viel umständlicher. Nichtsdestoweniger ist das Auskochen für die besseren Artikel unbedingt zu empfehlen, denn es ist zu berücksichtigen, daß die kalte Natronlaugen-Passage nie ein Entschlichten der Gewebe bewirken kann. Die Methode c) kommt nur ausnahmsweise bei kleiner Fabrikation in Frage, da die Arbeitsweise viel teurer ist als wenn die Ware normal vorgekocht wird.

Das Mercerisieren der entschlichteten Ware bietet auch den Vorteil, daß die Natronlauge viel weniger beschmutzt wird und leichter zu regenerieren ist als wenn die Schlichte in die Lauge kommt.

Das Bäuchen erfolgt in normaler Weise durch Vorkochen mit Natronlauge, dann wird die Ware gespült und getrocknet, und kommt so zum Mercerisieren.

Für breite Ware wird das Vorkochen auf dem sog. „Jacksonschen" Bäuchkessel [1]) vorgenommen, auf welchem dann auch das Spülen und Bleichen erfolgt.

Zum Vorkochen der Ware benützt man immer die 2—3-grädige Spülflotte, die einzudampfen nicht mehr lohnend wäre.

c) Die Behandlung mit Diastafor erfolgt in der Weise, daß man die Ware bei etwa 60^0 C mit einer Lösung imprägniert, die ½—1 kg Diastafor in 100 Liter Wasser enthält. Sie bleibt einige Stunden oder über Nacht imprägniert liegen und wird dann gespült.

Das Mercerisieren der Gewebe.

Die Behandlung mit Natronlauge erfolgt im Mercerisierfoulard unter sehr starkem Druck und zwar immer mit einer Natronlauge von ca. 30^0 Bé. Die Behandlungsweise ist verschieden.

1. Für schweres Gewebe:

Das Gewebe passiert den Foulard, wird aufgerollt, bleibt einige Stunden so liegen, wird nochmals foulardiert und kommt dann auf den Spannrahmen.

Eine zweite Methode, die in neuerer Zeit für schwere Gewebe platzgreift, beruht darauf, daß das Gewebe zwei nebeneinanderstehende Foulards passiert und dann direkt auf den Spannrahmen geht.

2. Für leichte Gewebe (Satin usw.):

Das Gewebe passiert ein dreiwalziges Foulard unter starkem Druck und geht dann gleich auf den Spannrahmen.

Zum besseren Eindringen der Natronlauge gibt man besonders bei schweren Geweben auf je

100 Liter Natronlauge 30^0 Bé
1 Liter Alkohol

---

[1]) Von Jackson & Brother, Bolton.

zu. Im Anfang wurde die Natronlauge immer gekühlt, später wurde dies vielfach aufgegeben, während in letzter Zeit wieder vielfach gekühlt wird, weil es sich gezeigt hat, daß die Mercerisation bei geringer Kühlung doch vorteilhafter ist. Die Tröge der Foulards sind für diese Zwecke mit doppeltem Boden versehen, und genügt es vielfach schon, wenn mit normalem Wasser gekühlt wird, damit die Temperatur nicht über 15° C [1]) steigt.

Das Strecken und Spülen der Ware ist von der jeweiligen Maschine abhängig und ist nur darauf zu sehen, daß die Ware nach dem Spülen mindestens die ursprüngliche Breite erhält und daß vor dem Absäuern die Ware schon fast ganz frei von Lauge sei. Wird der letztere Umstand nicht beachtet, so bildet sich viel Glaubersalz in der Ware und dieses beeinträchtigt immer den Glanz.

Die Behandlung nach dem Mercerisieren.

Diese richtet sich danach, ob die Ware vor dem Mercerisieren schon entschlichtet war und auch danach, für welche Nuancen die Ware dienen soll.

Für dunkle und schwarze Färbungen wird vielfach das Gewebe ohne weitere Behandlung direkt gefärbt.

Für hellere Nuancen wird das Gewebe entweder noch aus gekocht oder auch ausgekocht und gebleicht.

Zum Kochen wird die dünne natronlaugehaltige Spülflotte benützt und zwar ist diese meist 2° Bé stark. Man läßt die mercerisierte Ware 4 Stunden unter Druck kochen, dann wird sie abgesäuert, oder erst gebleicht, abgesäuert und so gespült.

Färben der mercerisierten Gewebe.

Wir verweisen auf die Ausführungen über das Färben der mercerisierten Garne und das gleiche, wie dort wäre hier zu wiederholen.

Das Färben der Stückware erfolgt genau in gleicher Weise, nur daß die üblichen Änderungen, die als allgemein bekannt vorausgesetzt werden können, vorzunehmen sind.

---

[1]) Bezüglich der Behandlung der Baumwolle mit Natronlauge sei auch auf das auf Seite 93 beim Mercerisieren der Garne Erwähnte verwiesen.

Auch für Stückware kommen in erster Linie die direktfärbenden Farbstoffe in Betracht und zwar sowohl direkt gefärbt als auch vielfach entwickelt.

Für Schwarz werden einerseits die diazotierten Färbungen, andererseits die verschiedenen Sulfinschwarz benützt und zwar vornehmlich die grünstichigen Marken wie etwa Immedialschwarz NNG conc. und ähnliche Produkte gleicher Nuance.

Ferner wird für Schwarz in starker Weise noch Oxydationsschwarz verwendet. Die Herstellung von Oxydationsschwarz erfolgt in gleicher Weise wie bei der unmercerisierten Ware, nur daß die Stärke der Anilinbeize eine wesentliche Verminderung erfährt. So genügt für Satins usw. in den meisten Fällen eine solche von 5—6° Bé.

Nachdem Oxydieren wird wie üblich chromiert und zum Schluß schwach geseift.

Das Mercerisieren von Geweben mit seidenen Effektfäden.

Es ist dies ein Spezialartikel, der von einzelnen Fabriken in großen Mengen hergestellt wird; man erhält vorzügliche Resultate, wenn nur das Mercerisieren in richtiger Weise vorgenommen wird.

Die Ware wird an sich genau so mercerisiert wie die reine Baumwollware, nur werden pro

100 Liter 30-grädige Natronlauge
4 Liter Glyzerin

zugegeben und muß darauf gesehen werden, daß die Lauge die Temperatur von 14—15° C nicht übersteigt. Am besten erfolgt das Mercerisieren bei ca. 10—12° C, doch kann, wenn die Maschine genügend rasch läuft, anstandslos auch noch bei 14—15° C mercerisiert werden.

Vom Foulard kommend darf die Ware nicht aufgerollt werden, sondern sie läuft direkt in den Spannrahmen. Auch darf das erste und zweite Spülwasser nicht wie üblich warm, sondern muß kalt sein.

Die Arbeitsweise ist sonst genau die gleiche wie beim Mercerisieren der Baumwollgewebe, nur wird das Absäuern noch etwas gründlicher ausgeführt.

Die Seideneffekte bleiben bei dieser Arbeitsweise vollkommen intakt.

Das Färben der Gewebe mit Seideneffekten erfolgt mit Schwefelfarben unter Zusatz von Leim. Es beruht dies auf einem Patent der Farbenfabrik Leopold Cassella & Co., G. m. b. H., Frankfurt a. M., welches die Wahrnehmung deckt, daß, wenn das Färben ähnlicher Gewebe bei niedriger Temperatur (ca. 40° C) unter Zusatz von Leim erfolgt, nur die Baumwolle sich anfärbt, während die Seide weiß bleibt.

Auf der gleichen Basis beruht die Herstellung eines sehr stark gangbaren Artikels der Halbseidenfärberei, der die Bezeichnung „Grisaille" trägt. Bei diesem wird die Baumwolle grau gefärbt, während die Seide rein weiß bleiben muß. Dieser Artikel wird wohl auch vorher mercerisiert, doch ist es nicht erforderlich, daß eine volle Mercerisation unter Spannung vorgenommen werde, sondern es genügt, wenn das Mercerisieren ohne Spannung mit 10—13-grädiger Lauge erfolgt.

Das Mercerisieren von Geweben mit farbigen Effekten.

Vielfach werden baumwollene Gewebe mit gefärbten baumwollenen Effekten mercerisiert und ist bei diesen die Hauptbedingung, daß die Effekte so hergestellt sind, daß sie beim Mercerisieren nicht auslaufen.

Bei einer großen Anzahl Farbstoffe ist dies der Fall, und besonders ist der günstige Umstand vorwaltend, daß die Effekte meist ganz helle Färbungen darstellen, so daß für diese selbst direktfärbende Farbstoffe benützt werden können. Bei tieferen Färbungen jedoch ist es unbedingt erforderlich, daß für diesen Zweck Färbungen mit Schwefelfarben oder mit Küpenfarben genommen werden, da sonst das Auslaufen schwer zu vermeiden ist.

Beim Mercerisieren selbst ist vornehmlich darauf zu sehen, daß die Lauge, die auch hier 28—30° Bé hat, möglichst kalt sei. Eine Kühlung der Lauge bis zu 10—12° C ist sehr wünschenswert.

Außerdem ist es nicht angängig, daß das Gewebe nach der Passage in der Natronlauge aufgerollt wird. Es ist darauf zu sehen, daß dasselbe direkt auf den Spannrahmen geht und daß das erste und zweite Spülen nicht mit warmem sondern mit kaltem Wasser erfolge.

Stückmercerisiermaschine von J. P. Bemberg, A.-G., Barmen.

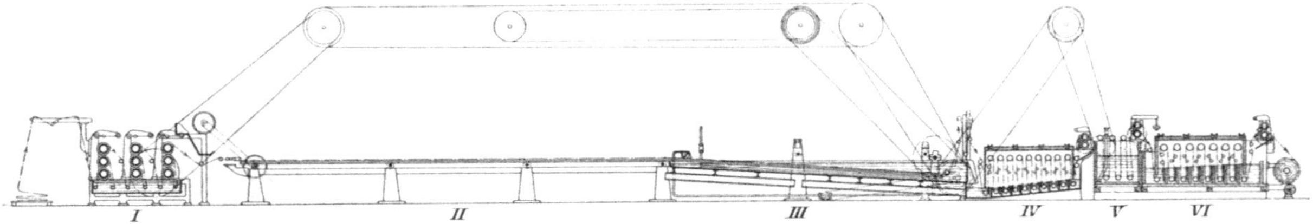

Fig. 6. I. 3fach wirkende Imprägniermaschine für schwere Gewebe. — II. Spannrahmen mit Kluppen. — III. Tauchbassin. — IV. Matterscher Laugenrückgewinnungsapparat. — V. Säurekasten. — VI. Dampfwaschmaschine.

Kettenlose Stückmercerisiermaschine von J. P. Bemberg, A.-G., Barmen.

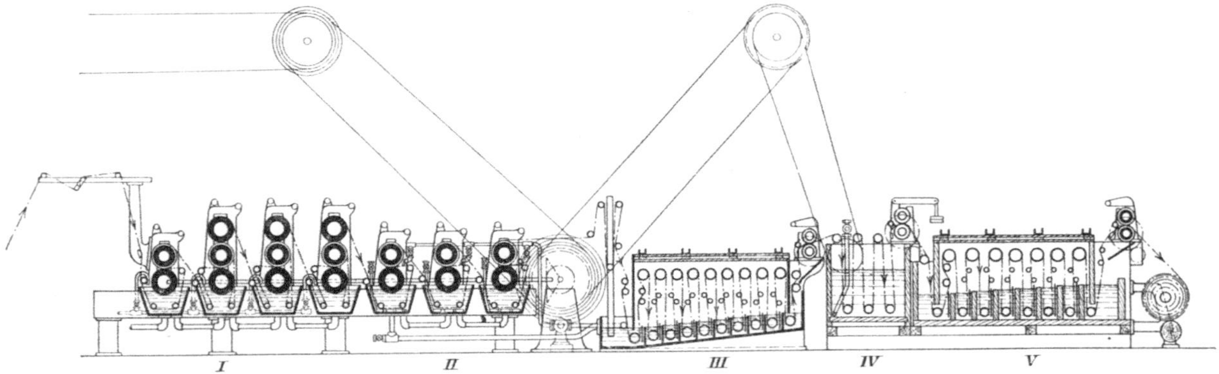

Fig. 7. I. Die eigentlichen Mercerisiertröge mit Natronlauge. — II. Auswaschtröge, ebenfalls mit starken Quetschwalzen. — III. Matterscher Laugenrückgewinnungsapparat. — IV. Säuremaschine. — V. Dampfwaschmaschine.

Stückmercerisiermaschine von C. G. Haubold jr., Chemnitz.

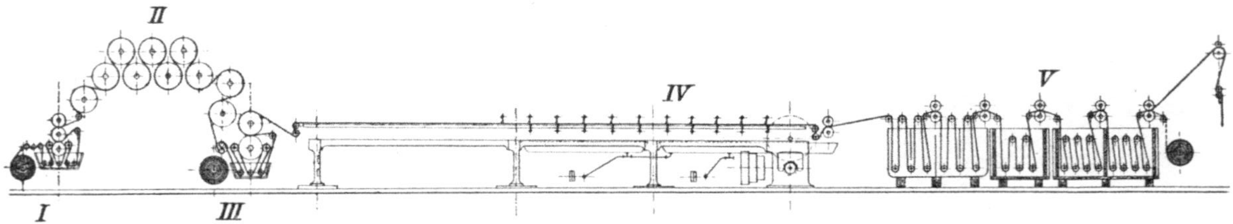

Fig. 8. I. Imprägniermaschine. — II. Überführungswalzen. — III. Zweites Foulard, von welchem aus die Ware auf den Spannrahmen läuft. — IV. Spritzvorrichtung. Die Spritzrohre, die mittels Düsen heißes Wasser oder das laugenhaltige Ablaufwasser aufspritzen, sind ober- und unterhalb der Ware angeordnet. Unter jeder Spritzpartie befindet sich ein eisernes Reservoir und das ablaufende Wasser wird mittels Pumpen den Spritzrohren wieder zugeführt. — V. Waschmaschinen.

Stückmercerisiermaschine von C. A. Gruschwitz, Olbersdorf bei Zittau.

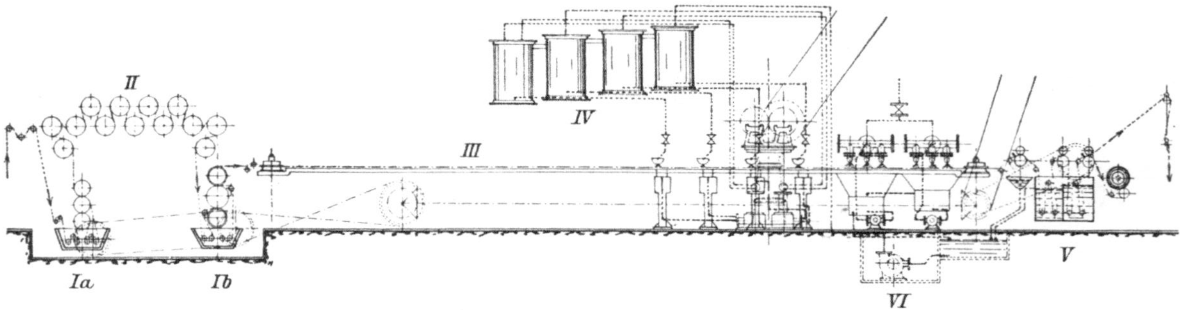

Fig. 9. I. (Ia und Ib) Imprägnier-Foulards. Die Tröge, welche die Lauge enthalten, sind mit Kühlung versehen. — II. Zwischen den beiden Foulards befinden sich die Überführungsrollen, welche die Imprägnierung verlängern. —

Stückmercerisiermaschine neuer Konstruktion von Zittauer Maschinenfabrik und Eisengießerei, Akt.-Ges., Zittau.

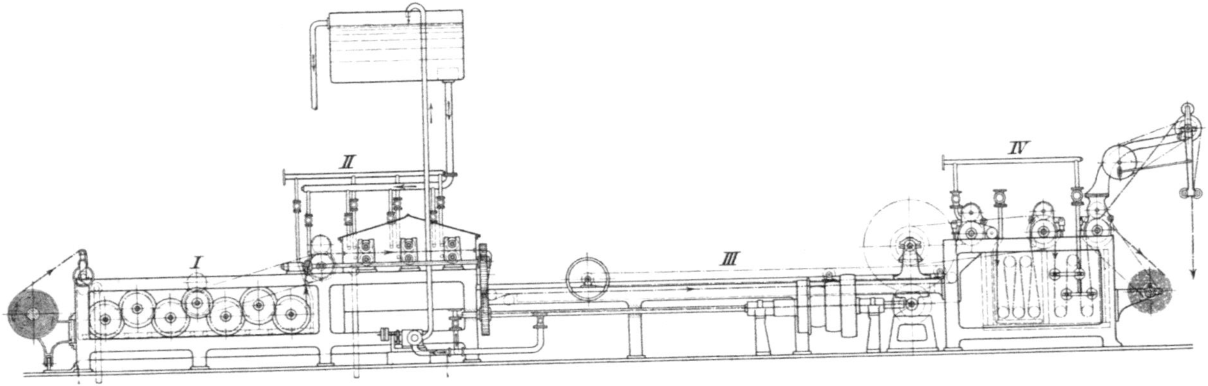

Fig. 10. I. 2 Imprägniermaschinen je 3 walzig mit seitlich angebrachten Quetschwalzen. — II. Ausbreitvorrichtung, bestehend aus rotierenden Breithaltern, die über einem aus 2 Teilen bestehenden Kasten angebracht sind. Man kann beliebig schon im ersten oder zweiten Teil des Kastens mit dem Entlaugen beginnen, das nach dem Krais'schen System mit Rackelwalzen unter Andämpfen und Abspritzen mit dünngrädiger Lauge erfolgt. — III. Kurzer, im Wasser liegender Spannrahmen, um die Ware auf die richtige Breite zu strecken. — IV. Säure- und Waschkasten.

Kettenlose Stückmercerisiermaschine von Fr. Gebauer, Berlin. System Heberlein-Gebauer.
(siehe auch Seite 56).

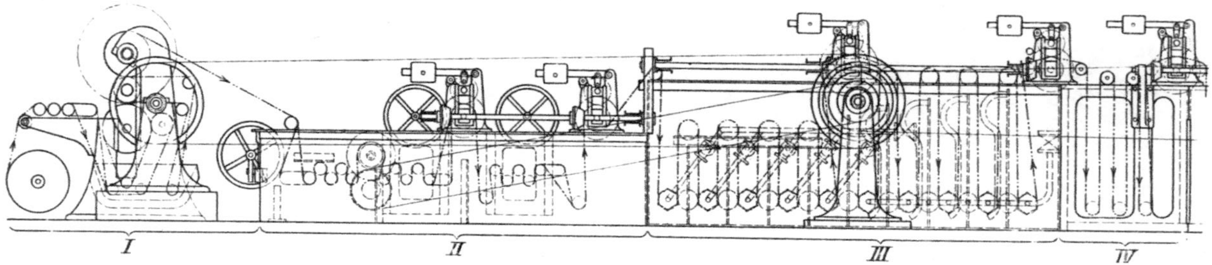

Fig. 11. I. Hydraulische Imprägniermaschine. Für schwere Warensorten wird die Imprägniermaschine durch eine solche mit Vor- und Rückgang ersetzt, bei welcher die Ware auf der mittleren Walze unter rollendem Druck aufgerollt wird. — II. Kettenlose Spannmaschine mit den Ausbreitelementen. — III. Entlauger nach System Gebauer. — IV. Säurekasten, dem dann noch 2 weitere Waschkasten folgen.

Fig. 12. I. Imprägniermaschine. — II. Spannrahmen. — III. Säure- und Waschvorrichtungen. Die Maschine ist mit regulierbaren Rackeln ausgerüstet, die über und unter der Ware das Abstreichen der Natronlauge besorgen. Die Waschwasser können separat gesammelt und wieder benutzt werden.

Einseitige Mercerisiermaschine von J. P. Bemberg, A.-G., Barmen. Patent Tagliani.

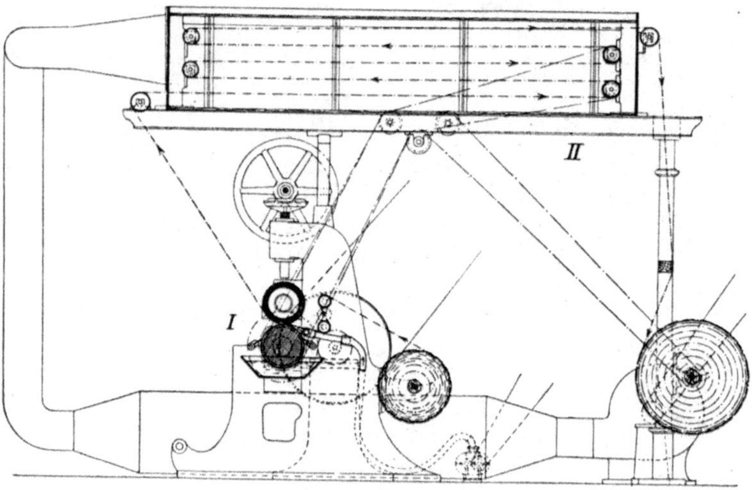

Fig. 13.
I. Einseitig wirkende Druckmaschine.
II. Trockenvorrichtung.

Außerdem werden Stückmercerisiermaschinen von einer Anzahl weiterer Firmen gebaut, so von

C. H. Weisbach in Chemnitz in Sachsen.

Moritz Jahr, G. m. b. H., Gera-Reuß

und anderen mehr, doch erschien es nicht erforderlich, sämtliche Maschinen anzuführen.

Mercerisieren der Ketten.

Das Mercerisieren der Ketten wird nur in einzelnen Ländern (England, Amerika) ausgeführt und zwar immer in Maschinen ähnlicher Konstruktion wie nachstehend skizziert.

Die Ketten passieren während der Einwirkung der Natronlauge und während des darauffolgenden Spülens stark wirkende Quetschwalzen, die ein Einschrumpfen der Ketten verhindern. Die ersten zwei Abteilungen der Maschine enthalten 30-grädige Natronlauge, die dritte und vierte warmes Spülwasser, die fünfte verdünnte Säure und die letzte wieder warmes Spülwasser.

Fig. 14.

Die Kettenmercerisierungsmaschinen werden unter anderen von J. H. Riley & Co., Ltd., Bury, Lancashire und von Thomas Holt Ltd., Rochdale gebaut.

Das Mercerisieren in Kettenform ergibt wohl nicht das gleich glänzende Garn als wenn in Strangform mercerisiert wird, aber die Kosten sind infolge der quantitativen Leistung auch viel geringer.

V. Die Natronlauge und ihre Rückgewinnung beim Mercerisieren.

Eigenschaften der Natronlauge.

Das Natron hat in der Technik folgende Bezeichnungen: Ätznatron, kaustisches Natron, kaustische Soda und Natronhydrat. Die chemische Bezeichnung ist Natriumhydroxyd (NaOH).

Es kommt in drei Formen in den Handel:

Ätznatron in großen Stücken oder als geschmolzene Masse,
Ätznatron in Blättchenform,
Ätznatron in gelöster Form als Natronlauge in der Stärke von 38—40° Bé.

Am bequemsten zu handhaben ist Ätznatron in Form von Natronlauge und in den Fällen, wo die bequeme Anwendungsweise allein entscheidend ist, kann diese immer vorgezogen werden.

Ätznatron in Blättchenform ist ebenfalls leicht zu handhaben, stellt sich jedoch teurer als Ätznatron in großen Stücken bzw. in Fässern geschmolzen, so daß für den Großbetrieb diese Form in erster Linie in Frage kommt. Besonders ist dies der Fall, wo viel Ablaufflotte vom Mercerisieren vorhanden ist, die zum Auflösen des Natronhydrats in Stücken verwendet werden kann.

Natronhydrat (NaOH) ist in Wasser sehr leicht löslich; 1 Teil festes Natronhydrat löst sich in 2 Teilen kalten und ½ Teil warmen Wassers.

Es zieht an der Luft stehend begierig Wasser und Kohlensäure an, wodurch sich dann an der Oberfläche eine hartwerdende Schichte aus kohlensaurem Natron bildet.

Die Handelsware enthält ca. 75—98 % reines Natriumhydroxyd oder Natronhydrat (NaOH); beim Einkauf von Ätznatron sollte man sich immer den Gehalt an Natronhydrat garantieren lassen.

Tabelle über den Gehalt von Natronlauge bei 15° C.
(Nach Lunge).

Spez. Gewicht	Grade		100 Teile enthalten Teile NaOH	1 cbm enthält kg NaOH
	Baumé	Twaddell		
1,007	1	1,4	0,61	6
1,014	2	2,8	1,20	12
1,022	3	4,4	2,00	21
1,029	4	5,8	2,71	28
1,036	5	7,2	3,35	35
1,045	6	9,0	4,00	42
1,052	7	10,4	4,64	49
1,060	8	12,0	5,29	56
1,067	9	13,4	5,87	63
1,075	10	15,0	6,55	70
1,083	11	16,6	7,31	79
1,091	12	18,2	8,00	87
1,100	13	20,0	8,68	95
1,108	14	21,6	9,42	104
1,116	15	23,2	10,06	112
1,125	16	25,0	10,97	123
1,134	17	26,8	11,84	134
1,142	18	28,4	12,64	144
1,152	19	30,4	13,55	156
1,162	20	32,4	14,37	167
1,171	21	34,2	15,13	177
1,180	22	36,0	15,91	188
1,190	23	38,0	16,77	200
1,200	24	40,0	17,67	212
1,210	25	42,0	18,58	225
1,220	26	44,0	19,58	239
1,231	27	46,2	20,59	253
1,241	28	48,2	21,42	266
1,252	29	50,4	22,64	283
1,263	30	52,6	23,67	299
1,274	31	54,8	24,81	316
1,285	32	57,0	25,80	332
1,297	33	59,4	26,83	348
1,308	34	61,6	27,80	364
1,320	35	64,0	28,83	381
1,332	36	66,4	29,93	399
1,345	37	69,0	31,22	420
1,357	38	71,4	32,47	441
1,370	39	74,0	33,69	462
1,383	40	76,6	34,96	483
1,397	41	79,4	36,25	506
1,410	42	82,0	37,47	528
1,424	43	84,8	38,80	553
1,438	44	87,6	39,99	575
1,453	45	90,6	41,41	602
1,468	46	93,6	42,83	629
1,483	47	96,6	44,38	658
1,498	48	99,6	46,15	691
1,514	49	102,8	47,60	721
1,530	50	106,0	49,02	750

So einfach auch die Bestimmung mittels Aräometer ist, so muß doch immer berücksichtigt werden, daß diese Bestimmung ganz außer acht läßt, wieviel Soda, Kochsalz oder Glaubersalz mit in der Lösung vorhanden ist oder sein kann. Eine Natronlauge, die 30° Bé spindelt, müßte 23,67 % Natronhydrat enthalten, aber sie kann ebenso gut nur 15 oder 20 % Natronhydrat und den Rest als Soda oder Kochsalz enthalten.

Es ist daher beim Einkauf sehr wichtig, daß man sich auch beim flüssigen Produkt den Gehalt an Natronhydrat garantieren läßt, und ebenso ist es wünschenswert, daß man von Zeit zu Zeit während der Mercerisierung bestimmen läßt, ob sich die Lauge nicht schon zu stark mit Salz und besonders mit Soda angereichert hat.

Am Ende dieses Abschnittes sind genaue Angaben enthalten, wie die Bestimmung vorgenommen wird, und ist besonders die Bestimmung der Natronhydrat-Menge so einfach, daß sie überall leicht ausgeführt werden kann.

Die Herstellung der Natronlauge im Eigenbetriebe.

Ob die Herstellung der Natronlauge im Eigenbetriebe lohnend ist, kann nur nach Berücksichtigung der vorwaltenden Verhältnisse beurteilt werden.

In vielen Fällen wird das käufliche Ätznatron oder die flüssige Natronlauge billiger zu erlangen sein, als wenn die Herstellung selbst vorgenommen wird. Andererseits ist diese jedoch auch so einfach, daß die Selbsterzeugung bei großem Bedarf immerhin in Erwägung zu ziehen ist.

Nach den Angaben in „Muspratts Technische Chemie" erfolgt die Darstellung wie nachstehend:

Bei der Darstellung geht man von möglichst reinen Rohstoffen aus und verwendet kalzinierte Soda. Die Umwandlung derselben in Hydrat, der Kaustizierungsprozeß, durch Einwirkung von Kalkhydrat, vollzieht sich zwar schon in der Kälte, bleibt aber beim Arbeiten bei gewöhnlicher Temperatur unvollkommen und erfordert verhältnismäßig längere Zeit, weshalb die Operation zweckmäßig bei Siedhitze vorgenommen wird. Zu berücksichtigen ist dabei jedoch der Umstand, daß ein gewisser, wenn auch nicht großer Anteil des kohlensauren Natriums dabei zu Verlust geht, indem dasselbe mit entstehendem kohlensauren Kalzium zu unlöslichem und durch Wasser nicht zersetzbarem $Na_2CO_3 \cdot CaCO_3$ sich verbindet. Der hierdurch eintretende Verlust ist auf etwa 2 % des angewandten kohlensauren Natriums zu schätzen.

Nach der Gleichung:

$$Na_2CO_3 + CaO + H_2O = 2\,NaOH + CaCO_3$$

würden

100 kg Soda calc.
53 kg Calziumoxyd (gebrannter Kalk)

zur Zersetzung erfordern. Diesem müssen die Mengenverhältnisse der zu verwendenden Materialien angepaßt sein. Da nun der gebrannte Kalk, im technischen Sinne gedacht, nie reines Calziumoxyd ist, sondern stets wechselnde Mengen von unzersetztem kohlensaurem Calzium, Sand, fremde Beimengungen enthält, so ist hierauf Rücksicht zu nehmen, und es ist die Menge des zu verwendenden Kalkes danach zu regeln. Am einfachsten geht man ein für allemal von der berechneten Menge aus und fügt schließlich noch Kalk zu, wenn sich ergibt, daß die ursprünglich angewandte Menge zur Zersetzung nicht ausreichend ist.

Der Kalk wird immer in möglichst frisch gebranntem Zustande verwandt, und in groben Stücken in die fast siedend heiße Flüssigkeit eingetragen, wobei die Umwandlung in Kalkhydrat auf Kosten des Lösungswassers sich vollzieht, und die dabei freiwerdende Wärme zur weiteren Erhitzung der Flüssigkeit dient.

Die Zersetzung erfolgt im technischen Betriebe stets in eisernen Gefäßen. Die Verwendung von hölzernen Gefäßen, Bottichen, Fässern ist auf keine Weise empfehlenswert, da Holz von den Laugen in der Kälte, viel rascher aber in der Hitze zerstört wird.

Um ein Absetzen des unlöslichen oder richtiger sehr schwer löslichen Kalkhydrates aus der Flüssigkeit zu vermeiden und eine allseitige Berührung der aufeinander reagierenden Moleküle herbeizuführen, ist während der Dauer der Einwirkung eine beständige kräftige Bewegung der Flüssigkeit erforderlich. Diese kann entweder durch Einblasen eines kräftigen Luftstromes, mittels eines Körting'schen Dampfstrahl-Injektors, oder durch Rührwerke verschiedener Form herbeigeführt werden.

Ein Zersetzungsgefäß mit liegendem Rührwerke, von Solvay & Co. angegeben, ist nach Lunge[1]) in nachstehender Figur dargestellt.

Dasselbe besteht aus einem Eisenblechzylinder von 2,5 m Länge und 1,8 m Durchmesser, durch welches eine horizontale, mit Rührschaufeln besetzte, in Stopfbüchsen gelagerte Welle geführt ist. Das Gefäß wird etwa zur Hälfte mit Wasser gefüllt, welches durch einströmenden Dampf erwärmt wird. Während des

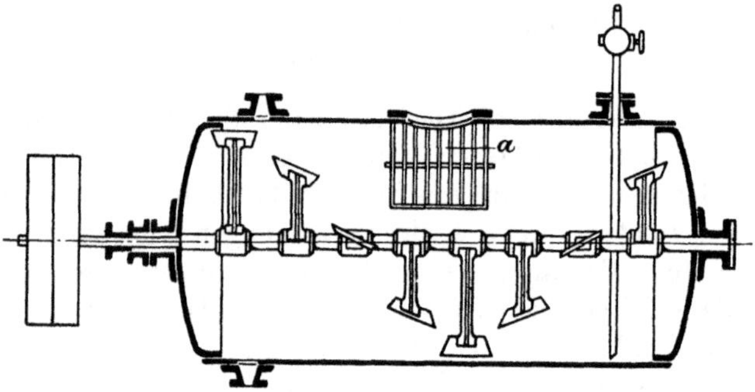

Fig. 15.

Anwärmens wird, bei gehendem Rührwerk mit 20—25 Drehungen in der Minute, die Soda in den Korb a in solcher Menge eingetragen, bis die entstehende Lösung ein spezifisches Gewicht 1,1 zeigt. Ist die Soda vollständig gelöst und hat die Lösung eine Temperatur von etwa 80° angenommen, so wird der Kalk, in nicht zu großen Mengen, auf einmal in den Korb a geworfen, worin er sich rasch löscht und als Hydrat in der Flüssigkeit verteilt wird, während unvollkommen gebrannte Stücke Kalkstein von dem Korbe zurückgehalten und ausgeworfen werden. Durch die beim Löschen des Kalkes freiwerdende Wärme erhöht sich die Temperatur der Flüssigkeit bis zum Siedepunkte, und wird auf diesem Wärmegrade durch nachströmenden Dampf eine Stunde lang erhalten. Nach Ablauf dieser Zeit wird eine Probe der Flüssigkeit durch ein Papierfilter gegossen, und das klare Filtrat in verdünnte Salzsäure getropft, wobei kein Entweichen von Kohlensäure mehr eintreten soll. Macht sich dagegen noch ein Aufbrausen bemerkbar, so ist eine neue Menge von Kalk zuzugeben, bis die völlige Kaustifizierung der Lauge erreicht ist.

[1]) Lunge, Handbuch der Soda-Industrie.

In einem Apparate von den angegebenen Dimensionen sind 500—600 kg wasserfreie Soda zu verarbeiten, und es lassen sich damit drei bis vier Operationen in 24 Stunden machen.

Ein stehendes Rührwerk nach Lunge[1]) ist in nachstehender Figur dargestellt.

Es besteht aus einem eisernen Zylinder mit vertikaler Welle, deren unterer Teil die Schnecke d trägt. Letztere bewegt sich in dem von dem gelochten Boden a getragenen, beiderseitig offenen Zylinder b und bewirkt bei ihrer Umdrehung ein ununterbrochenes Emporführen der Flüssigkeits- und Kalkschlammassen und damit eine beständige Zirkulation der reagierenden Teile.

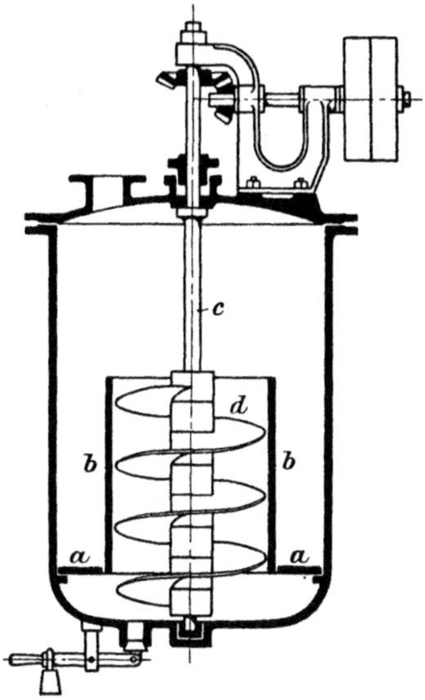

Fig. 16.

Zur Trennung des Kalkschlammes von der Lauge läßt man den Inhalt des Zersetzungsgefäßes auf ein Bakewell'sches Filter, oder eine ähnliche Filtriervorrichtung laufen, auf welcher der Kalkschlamm zurückbleibt, während die Lauge abfließt. Letztere wird in einen Behälter gepumpt und verbleibt hier, bis geringe Mengen des Schlammes, welche durch das Filter gegangen sein können, sich zu Boden gesenkt haben und die Lauge völlig klar geworden ist. Der auf dem Filter verbleibende Schlamm wird sofort nach dem Abtropfen der Lauge mit Wasser übergossen, um den Rest der Lauge zu verdrängen. So lange die abfließende Waschlauge eine die Verdampfung lohnende Konzentration besitzt, kommt sie zur Hauptmasse der Lauge, während die später folgende dünne Lauge bei der nächsten Operation zum Lösen der Soda dient.

Verunreinigung der Natronlauge.

Die zwei beim Mercerisieren am meisten in Betracht kommenden Verunreinigungen der Natronlauge sind

[1]) Lunge, Handbuch der Soda-Industrie.

Soda und Eisen. Jeder kann mittels einfacher Reaktionen selbst prüfen, ob diese vorhanden sind.

Die Verunreinigung mit Soda oder kohlensaurem Natron kommt daher, daß die Natronlauge, wenn sie mit der Luft in Berührung ist, die Kohlensäure begierig aufnimmt.

Ob viel Soda in der Lauge enthalten ist, kann man leicht sehen, indem man die Lauge in etwas verdünnte Salzsäure gießt. Es darf nur eine ganz geringe Gasentwicklung bemerkbar sein. Zeigt sich ein, wenn auch schwaches Aufbrausen, so hat sich schon eine ziemliche Menge Natronlauge in Soda verwandelt. Man muß daher Sorge tragen, daß die Lauge wenn möglich zugedeckt aufbewahrt bleibt.

Außerdem kann man leicht nachhelfen, indem man der Lauge im Eindampfungs- oder sonst in einem anderen separaten Gefäß etwas gelöschten Kalk zusetzt. Es bildet sich dadurch kohlensaurer Kalk, der sich am Boden absetzt, und die klare Lauge ist dann sodafrei.

Der Eisengehalt der Natronlauge macht sich durch die gelblich-braune Farbe derselben erkennbar. Die Baumwolle selbst bekommt ein schmutziges graues Aussehen.

Ob die Natronlauge eisenhaltig ist, läßt sich leicht konstatieren. Man versetzt eine geringe Menge derselben mit verdünnter chemisch reiner Salzsäure so lange, bis die Lösung blaues Lackmuspapier schwach rötet und gibt dann einige Tropfen Wasserstoffsuperoxyd und darauf einige Tropfen einer Lösung von gelbem Blutlaugensalz hinzu, wodurch bei Anwesenheit von Eisen eine intensive Blaufärbung eintritt.

Die Verunreinigung mit Eisen kann schon im gekauften Produkt vorhanden sein; besonders bei flüssiger Natronlauge kann dies der Fall sein, während bei Natronhydrat in Stücken dies nicht vorkommt.

Ferner kann der Eisengehalt daher kommen, daß die Lauge in ungeeigneten eisernen Gefäßen aufbewahrt wird. Im allgemeinen wird wohl angenommen, daß Natronlauge Eisen nicht angreift, aber es ist dies nur bis zu einem gewissen Grade zutreffend. Schmiedeeisen wird durch warme konzentrierte Lauge immer angegriffen; bei Gußeisen ist dies nur dann nicht oder in nicht in Betracht kommendem Maße der Fall, wenn ein Eisen mit wenig Graphit benutzt wird.

Das Eisen geht bei konzentrierter Lauge und bei Vorhandensein höherer Temperaturen immer in geringen Mengen als Oxydul in Lösung und scheidet sich dann an der Luft als Eisenoxyd wieder aus, aber — und dies ist der wesentliche Punkt — wenn die Lauge gleichzeitig etwas organische Verbindungen enthält, was beim Mercerisieren immer der Fall ist, dann bleibt das Eisen in der Natronlauge gelöst.

Ferner ist zu berücksichtigen, daß graphitfreies Gußeisen von 30-grädiger Natronlauge bei 15—30° C überhaupt nicht angegriffen werden kann; erst bei Temperaturen von über 35—40° C ist dies der Fall.

Eine Entfernung des Eisens aus der Natronlauge ist sehr schwer, und wenn die dadurch verursachte schmutzige Färbung der mercerisierten Baumwolle störend wirkt, so muß vorgesorgt werden, daß die Natronlauge beim Einkauf eisenfrei sei, und daß beim Mercerisieren durch Vermeidung höherer Temperaturen die eisenhaltigen Gefäße nicht schädlich wirken.

Auflösen des Natronhydrats.

Das Auflösen erfolgt in eisernen Gefäßen, am besten in solchen aus starkem Eisenblech, indem die Stücke mit kaltem Wasser übergossen werden.

Aber nachdem beim Mercerisieren meist dünne Ablaufflotten zur Verfügung stehen, so werden in erster Linie diese zum Lösen benützt.

Die Niederlahnsteiner Maschinenfabrik, G. m. b. H., Niederlahnstein a. Rh. liefert einen besonderen Kessel zum Auflösen von Natronhydrat nach nachstehender Skizze:

Der Apparat besteht aus 5 mm starken Eisenblech und faßt jeweilig ein Faß Ätznatron.

Außerdem hat sich auch folgende Arbeitsmethode, die das Abkühlen der Lauge während des Lösens bewirkt, sehr gut bewährt.

Man benützt einen großen Doppelkessel aus Eisenblech, in welchen das Natronhydrat in Stücken kommt, und läßt in diesen immer die 2—3-grädige Spülflotte laufen. Der Kessel sei zugedeckt und wird von außen mit kaltem Wasser — welches dann ohne weiteres für alle beliebigen Zwecke benützt werden kann — gekühlt.

Wenn die Lauge 35—40° Bé erreicht hat, wird sie in ein höherstehendes, ebenfalls geschlossenes Gefäß gepumpt und von da läuft sie dann eventuell noch verdünnt der Mercerisiermaschine zu.

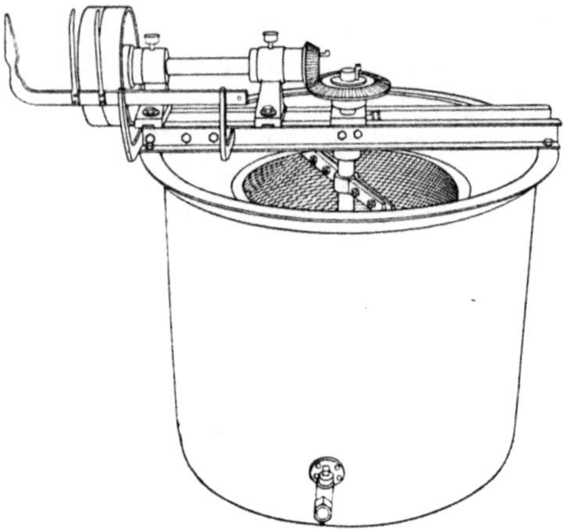

Fig. 17.

Analytische Bestimmung der Natronlauge (Natronhydrat).

Die einfachste Bestimmung von Natronlauge in Lösung ist das Spindeln mittels des Aräometers. Bei dieser Methode bleiben aber die Verunreinigungen (Soda, Kochsalz, Glaubersalz usw.) unberücksichtigt und sie ist nur da verwendbar, wo man mit immer gleich stark verunreinigten Laugen zu rechnen hat. Sie dient also mehr als Kontrollbestimmung von Produkten, deren Gehalt bereits durch eine genaue Bestimmung festgesetzt ist. Für diese Methode dient die Tabelle auf Seite 119, welche entsprechend den Graden Bé, den Gehalt an Natronhydrat angibt.

Genaue Resultate unbekannter Produkte ergibt nur die Titration mit einer Normalsäure, indem man mit dieser eine bestimmte Menge Lauge neutralisiert und aus dem Verbrauch der Säure den Gehalt berechnet. Dies geschieht auf folgende Weise:

Eine Bürette, die meistens in 50 ccm eingeteilt ist, wird mit „vierfach normaler Schwefelsäure“ gefüllt (107 ccm = 196 g Schwefelsäure chemisch rein 66° Bé im Liter destillierten Wassers) und die Flüssigkeit auf die Marke 0 eingestellt. Von der zu bestimmenden Lauge mißt man mittels einer Pipette genau 10 ccm in ein Becherglas, gibt einige Tropfen Lackmustinktur zu und läßt aus der Bürette tropfenweise Säure zufließen bis die durch die Lackmustinktur blau gewordene Lösung eben in Rot umschlägt, liest den Stand der Flüssigkeitsoberfläche in der Bürette ab und erhält so die verbrauchten ccm Schwefelsäure, die zur Neutralisation der Lauge nötig waren. Diese Zahl mit 0,16 multipliziert (da 1 ccm der Säure 0,16 g Natronhydrat entsprechen) ergibt das Gewicht in Gramm an Natronhydrat in den verwendeten 10 ccm die Anzahl der Gramme mit 10 multipliziert ergibt den Gehalt in Prozenten.

Beispiel: 10 ccm einer zu bestimmenden Lauge ergaben bei der Titration: Verbrauchte Anzahl ccm Schwefelsäure: 21,8 ccm. 1 ccm = 0,16 g Natronhydrat, also 21,8 × 0,16 = 3,488.

10 ccm enthalten demnach 3,488 g Natronhydrat oder 100 ccm = 34,88 g = 34,9 % was einer Lauge von ca. 40° Bé entspricht.

Diese Methode gibt aber nicht nur die vorhandene Menge reines Natronhydrat an, sondern vermehrt um die meist in geringen Mengen als Verunreinigung vorhandene Soda. Meistens läßt man aber diesen Unterschied unberücksichtigt und begnügt sich mit Bestimmung der Gesamtalkalinität.

Will man den Gehalt an reinem Natronhydrat ohne die Soda bestimmen, so macht man 2 Bestimmungen und zwar die eine wie die eben beschriebene, welche die Gesamtalkalinität, also Lauge und Soda angibt. Eine zweite Probe (10 ccm) versetzt man tropfenweise mit einer chemisch reinen Chlorbariumlösung (1 Teil auf 10 Teile Wasser) bis kein weißer Niederschlag mehr entsteht und gibt einige Tropfen Phenolphtaleinlösung (1 Teil in 100 Teilen reinem Spiritus) zu, worauf intensive Rotfärbung eintritt, titriert genau wie vorher mit Schwefelsäure bis die Rotfärbung völlig verschwunden ist und berechnet auf dieselbe Weise wie unter B angegeben. Nach dieser Methode erhält man den wirklichen Gehalt an Natronhydrat, während die Differenz zwischen beiden Titrationen die Soda (als Natronhydrat bereitet) angibt.

Beispiel:

Nach der 1. Titration wurde erhalten . .	34,9 %
Nach der 2. nach derselben Berechnung	33,5 %
	1,4 %

Somit enthält die Lauge:	33,5 %	Natronhydrat
	1,4 %	Soda (als Natron berechnet)
	34,9 %	Gesamtalkalinität.

Handelt es sich um die Bestimmung von festem Ätznatron (Natronhydrat in Brocken oder Stangen), so wiegt man 1 g genau ab, löst in einer beliebigen, aber nicht zu großen Menge Wasser und verfährt mit der ganzen Lösung nach der einen oder anderen Methode. Ergab dann beispielsweise 1 g 0,8 g Natronhydrat, so enthalten 100 g 80 g, was 80 % Gehalt entspricht.

Soll die Natronlauge außer auf Alkaligehalt auch auf sonstige Substanzen untersucht werden, so kommen noch folgende Prüfungen in Frage:

Auf Kochsalz prüft man, indem man einer gelösten Probe in einem Reagenzglas solange chemisch reine Salpetersäure zugibt, bis eingetauchtes blaues Lackmuspapier rot wird und dann mit einigen Tropfen einer Silbernitratlösung versetzt. Eine weiße Trübung oder Fällung, die sich auch nach dem Kochen nicht löst, zeigt Kochsalz an.

Will man diese Mengen auch quantitativ bestimmen, so macht man dies auf ähnliche Weise wie oben beschrieben, indem man statt der Säurelösung eine Lösung von genau 2,906 g Silbernitrat chem. rein im Liter gelöst verwendet und die Bürette damit füllt. 10 ccm der fraglichen Lauge oder 2 g festes Natronhydrat in Wasser gelöst werden etwas angewärmt und mit der reinen Salpetersäure angesäuert. Alsdann läßt man tropfenweise langsam von der Silberlösung zulaufen. Beim Einfall eines jeden Tropfens entsteht sofort ein weißer Niederschlag, der sich allmählich zusammenballt und zu Boden setzt. Man läßt so lange Tropfen einfallen, bis der einfallende Tropfen keine Trübung mehr ergibt. 1 ccm dieser Silbernitratlösung zeigt 0,001 g Kochsalz an. Multipliziert man also die verbrauchten ccm Silberlösung mit 0,001, so erhält man die Menge Kochsalz, die in der verwendeten Menge Lauge oder festem Produkt enthalten ist und rechnet diese wie üblich in Prozent um.

Auf Glaubersalz prüft man ähnlich wie auf Kochsalz, indem man ebenfalls mit Salpetersäure ansäuert, statt Silbernitrat aber eine Lösung von Chlorbarium zugibt, aufkocht und einige Minuten stehen läßt. Eine weiße Trübung oder Fällungdeutet auf Glaubersalz.

Die genauen Mengen Glaubersalz können nicht durch Titration, sondern nur auf gewichtsanalytischem Wege bestimmt werden und zwar auf folgende Weise:

40 ccm Lauge oder 5 g festes Natronhydrat (Ätznatron), letzteres in nicht zuviel dest. Wasser gelöst, werden mit konz. chem. reiner Salzsäure angesäuert und zum Kochen erhitzt. Dann gibt man langsam solange von einer kochendheißen Chlorbariumlösung zu, bis kein weißer Niederschlag mehr entsteht. Hierauf läßt man einige Minuten absitzen und filtriert, ohne etwas von dem Niederschlag im Becherglas zurückzulassen durch ein chem. reines Papierfilter, gießt so lange heißes dest. Wasser nach, bis ein durch den Trichter durchgelaufener Tropfen blaues Lackmuspapier nicht mehr rötet; dann läßt man abtropfen und trocknet mitsamt dem Trichter. Ist dies erfolgt, so gibt man das Filter samt Niederschlag in einen kleinen vorher genau gewogenen Porzellantiegel, glüht auf einer starken Gasflamme erst bei klein gedrehter Flamme, bis das Papier verkohlt ist, und dann auf starker Flamme, bis alles im Tiegel befindliche gleichmäßig weiß geworden ist. Nun läßt man erkalten und wiegt den Tiegel wieder. Die Differenz der beiden Wägungen ergibt das Gewicht des weißen Niederschlages,

und entspricht 1 g dieses Niederschlages 0,6 g wasserfreiem Glaubersalz.

Außerdem ist die Natronlauge oft durch Eisenoxyd verunreinigt, was den Wert des Produktes sehr herabsetzt. Um zu sehen, ob Eisen vorhanden oder nicht vorhanden ist, säuert man eine Probe in einem Reagenzglas mit Salpetersäure an, wobei sich die Probe von selbst erwärmt, kühlt ab, gibt etwas gelbes Blutlaugensalz (1 Teil auf 20 Wasser) zu und schüttelt. Man läßt einige Zeit stehen und beobachtet dann die entstandene Färbung oder Fällung. Ist die Färbung noch unverändert gelb oder nur grün bis blaugrün ohne Trübung oder Niederschlag, so ist kein Eisen oder nur Spuren desselben vorhanden; hat sich aber während dieser Zeit oder gar sofort ein blauer Niederschlag (Berlinerblau) oder eine Trübung gebildet, so sind größere Mengen Eisen anwesend und das Produkt ist nicht mehr einwandsfrei.

Zur genauen Feststellung des Eisens verfährt man wie folgt:

50 ccm der zu untersuchenden Lauge oder 10 g festes Produkt in wenig Wasser gelöst werden mit verdünnter Schwefelsäure (1 Teil Schwefelsäure konz. auf 10 Teile Wasser) angesäuert, mit einigen Stückchen eisenfreiem Zink versetzt und kurze Zeit erwärmt. Dann gießt man vom Zink in ein anderes Becherglas ab, spült das Zink gut mit Wasser ab und gibt die Flüssigkeit ebenfalls zu der Hauptmenge im neuen Becherglas, läßt erkalten und dann tropfenweise aus der Bürette eine Lösung von 3,163 g Kaliumpermanganat chem. rein im Liter Wasser zufließen. Sofort oder anfangs nach kurzer Zeit wird die stark rot gefärbte Permanganatlösung (Chamäleonlösung), die zu der Probe fließt, entfärbt. Man läßt solange zutropfen, bis im Becherglas eine schwache Rotfärbung auftritt, die ½ Minute bestehen bleibt. Dann entspricht jedes ccm der verbrauchten Permanganatlösung 0,0056 g Eisen.

Die Rückgewinnung der Natronlauge.

Die Rückgewinnung der Lauge beim Mercerisieren der Garne ist bereits auf Seite 93 beschrieben.

Beim Mercerisieren der Gewebe kann die Rückgewinnung in zwei Phasen geteilt werden:

A) Entlaugen der mercerisierten Gewebe.

B) Eindampfen der natronlaugehaltigen Spülwässer.

Was das Entlaugen der mercerisierten Gewebe betrifft, so kann diese Frage mehr oder minder als gelöst betrachtet werden. In nachstehendem seien die verschiedenen Verfahren, die zu diesem Resultate geführt haben, angeführt, und zwar wird es genügen, wenn wir uns bei der Besprechung in den meisten Fällen nur auf die Wiedergabe der Patentansprüche selbst beschränken.

Die neueren Verfahren zum Entlaugen der Gewebe von Ernest Scott & Co. in London, Dr. P. Krais in Tübingen und von Julius Matter in Laaken haben sich in der Praxis sehr gut bewährt; besonders das Matter'sche Verfahren wird von den es Anwendenden sehr gelobt, und heute gibt es bereits eine große Anzahl Fabriken, die nach dem einen oder anderen Verfahren das Entlaugen vornehmen. Die zurückgewonnene Menge Lauge variiert zwischen 90—98 % der von der Ware aufgenommenen Lauge, aber dabei ist zu berücksichtigen, daß die Entlaugungsflotte je nach dem angewandten System nicht mehr als 4—12° Bé stark ist und daß man um die Verwendung dieser verdünnten Lauge besorgt bleiben muß.

Die Konzentration der zurückgewonnenen Lauge ist nicht nur davon abhängig, nach welchem System gearbeitet wird, sondern auch davon, welche Menge an Lauge zurückgewonnen werden soll. Wenn ca. 98 %, dann wird die Konzentration nicht höher als 5—6° Bé sein, während, wenn man sich mit 85—90 % begnügt, vielfach eine Konzentration von 10—12° zu erreichen ist.

Die dünne Lauge kann in erster Linie zum Wiederauflösen der Natronlauge benützt werden und zwar erfolgt dies am besten, indem man Natronhydrat in Stücken verwendet und dieses in großen eisernen Kesseln mit der verdünnten Lauge löst, wie es im vorhergehenden Abschnitt genau beschrieben ist.

Außerdem wird die verdünnte Lauge zum Bäuchen bzw. Vorkochen sonstiger Gewebe benützt, und nur wenn auch dann noch ein ziemlicher Überfluß bleibt, kommt das Eindampfen in Frage.

Die zweite Phase, das Eindampfen der Natronlauge, kann als noch nicht vollkommen gelöstes Problem bezeichnet werden.

Das Eindampfen der Spülwässer selbst wäre ja an sich äußerst einfach, die Schwierigkeit besteht nur darin, daß durch die Verwendung unentschlichteter Gewebe die Schlichte in die Natronlauge geht. Beim Eindampfen bildet sich dann eine dicke, schwer filtrierbare Masse, die die Rückgewinnung der klaren Lauge erschwert.

In den Fällen, wo vorgekochtes Gewebe zum Mercerisieren genommen wird, wie dies beispielsweise in England in den meisten Fällen geschieht, ist das Eindampfen der Lauge verhältnismäßig einfach, und nur das Eindampfen der schlichtehaltigen Natronlauge bietet die erwähnten besonderen Schwierigkeiten, so daß diejenigen Fabriken, die vom Mercerisieren roher Gewebe nicht abgehen wollen, vielfach auf das Eindampfen überhaupt verzichten.

A. Verfahren und Patente, die sich auf das Entlaugen mercerisierter Gewebe beziehen.

Verfahren von Ernest Scott & Co., London E. C.

Das Verfahren dieser Firma, allgemein als Scott'sches Verfahren bekannt, war das erste, das sich mit der Aufgabe der Rückgewinnung der Natronlauge beschäftigte.

Die Firma meldete im Jahre 1902 in England ein Patent darauf an (Nr. 19 734), aber sie haben die Anmeldung nicht komplettiert, so daß die Spezifikation niemals veröffentlicht wurde.

Ihr Verfahren besteht darin, daß sie, wie aus nachstehender Skizze zu ersehen, aus einer Anzahl hintereinander geschalteter Pumpen das beim Ausgang des mercerisierten Gewebes aus der Maschine aufgespritzte heiße Wasser abwechselnd durch das Gewebe saugen und wieder aufspritzen, so daß dieses Spritzwasser allmählich mit Lauge angereichert wird.

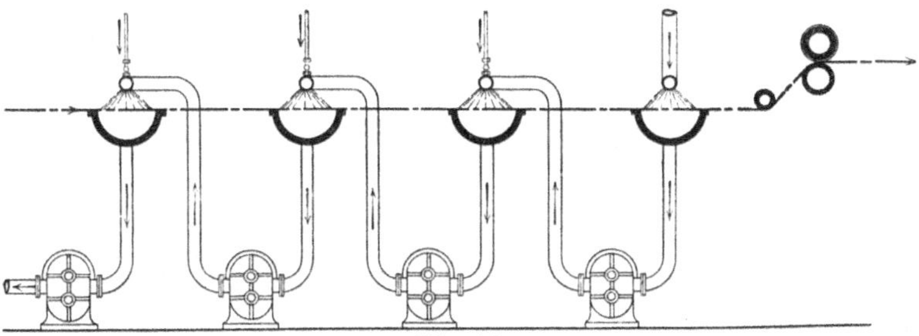

Fig. 18.

Damit die aufgespritzte Lauge genügend heiß bleibt, um fixierend auf das mercerisierte Gewebe einzuwirken, sind an den Spritzrohren kleine Dampfdüsen angebracht, so daß das Spritzwasser beliebig mit mehr oder weniger Dampf gemischt werden kann.

Die bei diesem Verfahren zurückgewonne Lauge hat gewöhnlich eine Stärke von 7—8^0 Bé.

Es wurde uns aus der Praxis vielfach bestätigt, daß das Scott'sche Verfahren sich in den betreffenden Fabriken gut bewährt hat, und daß sie im Durchschnitt ca. 92 % an Natronlauge zurückgewinnen.

The Calico Printers Association Ltd., Manchester.

Engl. Patent Nr. 14525 vom 30. VI. 1902.

Patentansprüche: 1. Verfahren zum Entlaugen der Gewebe beim Mercerisieren, darin bestehend, daß das Gewebe zwischen einer Anzahl von Rackeln oder sonstige Abstreicher geführt wird, wodurch die Flüssigkeit gezwungen wird, das Gewebe zu durchdringen, wobei die Waschwässer dann gesammelt werden.

2. Die Anordnung, daß die Waschwässer von jedem Paar Rackeln getrennt gesammelt, hochgepumpt und wieder auf das Gewebe aufgespritzt werden, wobei das erste und stärkste Waschwasser dann in einen Behälter geführt und zur Regenerierung der Natronlauge benützt wird.

Das sogenannte Rackel-Verfahren wurde von der Firma Mather & Platt Manchester angeboten, ohne daß es jedoch eine ähnliche Verbreitung wie das Scott'sche oder Matter'sche Verfahren hätte finden können.

Otto Venter, Chemnitz.

D.R.P. Nr. 203745 vom 2. III. 1907.

Patentansprüche: 1. Verfahren zum Entlaugen der zum Zwecke des Mercerisierens mit Natronlauge getränkten Gewebe mittels Dampf, dadurch gekennzeichnet, daß die Gewebe in gestreckter Einzellage beim Durchgang durch eine Spann- und Mangelvorrichtung der Einwirkung von Dampf ausgesetzt werden.

2. Vorrichtung zur Durchführung des Verfahrens nach Anspruch 1, dadurch gekennzeichnet, daß die Dampfsprührohre zwischen je zwei Mangelwalzenapparaten angeordnet sind, zu dem Zweck, den durch die Dampfsprührohre gegen das Gewebe geführten Dampf in das Gewebe hineinzuarbeiten und hierdurch auch die im Innern des Gewebes befindliche Lauge der Einwirkung des Dampfes auszusetzen.

Das Patent wurde später auf Dr. Paul Krais, Tübingen und Max Petzold, Zittau, übertragen und ist das erste Patent des sogenannten Krais'schen Verfahrens.

Dr. Paul Krais in Tübingen und Max Petzold in Zittau.

D.R.P. Nr. 224806 vom 2. III. 1907.

Patentanspruch: Vorrichtung zum Entlaugen von Geweben, bei welcher diese mittels Spannketten durch einander folgende, in der Breitenrichtung der Gewebebahn wechselständig angeordnete und verstellbare Walzenpaare geführt werden, dadurch gekennzeichnet, daß die beiden Walzen eines jeden Quetschwalzenpaares von Rollen gestützt werden, welche in Schlitten ruhen, die quer zur Gewebebahn verstellt werden können.

Es ist dies demnach nur eine Ergänzung des ersten Patentes.

Leo Wallach in Mülhausen i. Els.

D.R.P. Nr .202 789 vom 26. III. 1907.

Patentanspruch: Verfahren zum Mercerisieren insbesondere von Geweben und Garnen, dadurch gekennzeichnet, daß die beim Mercerisieren und Spülen der Gewebe und Garne entstandenen alkalischen Abwässer in einem Dampferzeuger eingedampft, die eingedampfte Lauge unmittelbar in einem Kreisprozeß wieder zum Mercerisieren und der bei der Eindampfung unter Druck erzeugte alkalische Wasserdampf für den zur Vor- oder Nachbehandlung der Gewebe und Garne erforderlichen Kochprozeß verwendet werden.

Das Patent an sich wäre interessant, da auf diesem Wege die Rückgewinnung der Natronlauge außerordentlich einfach wäre, aber es wird wenige Fabriken geben, die ihre Dampfkessel für diesen Zweck werden benützen wollen.

Abgesehen von dem Nachteil, daß dadurch der Dampf immer etwas alkalisch sein kann, was für viele Zwecke störend wirkt, ist zu berücksichtigen, daß die Natronlauge, die aus Kupfer oder Messing bestehenden Armaturen unbedingt angreift, und daß auch die eisernen Gefäße bei höherer Temperatur leiden.

C. G. Haubold jr., G. m. b. H., Chemnitz.

D.R.P. Nr. 205 962 vom 27. IV. 1907.

Patentanspruch: Entlaugungsvorrichtung für Mercerisiermaschinen mit Absauger für die verdünnte Lauge, dadurch gekennzeichnet, daß das Wasser zur Verdünnung der Lauge ohne Druck mittels eines überlaufenden Gefäßes auf das Gewebe gebracht wird, zum Zwecke, eine möglichst gleichmäßige Verteilung des Wassers über die Gewebebreite selbst bei geringem Wasserzufluß zu erzielen.

C. G. Haubold jr., G. m. b. H., Chemnitz.

D.R.P. Nr. 212 900 vom 17. VIII. 1907.

Patentanspruch: Vorrichtung zum Entlaugen von mercerisierten Geweben, bei welcher wiederholt ein Bespritzen der Gewebebahn mit der Verdünnungsflüssigkeit und ein Ausquetschen derselben mittels Quetschwalzen erfolgt, dadurch gekennzeichnet, daß vor jedem Quetschwalzenpaar die Spritzrohre für die Verdünnungsflüssigkeit und unmittelbar hinter jedem Quetschwalzenpaar eine auf beide Gewebeseiten wirkende Andämpfvorrichtung angeordnet sind, durch welche das Gewebe wieder aufgelockert und aufsaugefähig gemacht wird.

Friedrich Möller-Holtkamp, M.-Gladbach.

D.R.P. Nr. 207 813 vom 25. IX. 1907.

Patentansprüche: 1. Vorrichtung zum Entlaugen mercerisierter Gewebe unter Anwendung von Spritzrohren, dadurch gekennzeichnet, daß die Spritzrohre zwischen den einzelnen Windungen der frei im Zickzack durch übereinander angeordnete Quetschwalzenpaare auf- und abwärts geführten Gewebebahn angebracht sind und die sich vorbeibewegende Ware mit Säure, Wasser oder anderer Flüssigkeit abspritzen.

2. Vorrichtung nach Anspruch 1, dadurch gekennzeichnet, daß die Gewebebahn an mehreren Stellen ihres Zickzackweges, insbesondere auf jeden abwärts führenden Teil desselben, durch je einen mit Gummibällen gefüllten Behälter hindurchgeführt und von den durch die Bewegung der Stoffbahn in Drehung versetzten Gummibällen gerieben und dadurch von Schmutzflecken befreit wird.

3. Vorrichtung nach Anspruch 1, dadurch gekennzeichnet, daß die aufeinanderfolgenden Spritzrohre in mehrere Gruppen eingeteilt sind, von denen die erste Gruppe die in der Stoffbahn enthaltene Lauge durch Aufspritzen von Wasser möglichst entfernt, die zweite Gruppe die noch in der Ware befindliche Lauge durch Aufspritzen von Säure neutralisiert, und die dritte Gruppe die Säure durch Aufspritzen von Wasser völlig aus der Stoffbahn entfernt.

Dr. Walther Möller-Holtkamp, Eitorf.

D.R.P. Nr. 217 022 vom 27. IX. 1907.

Patentansprüche: 1. Vorrichtung zum Zurückgewinnen der beim Mercerisieren von Geweben verwendeten Lauge durch Absaugen, dadurch gekennzeichnet, daß gegenüber dem unter der Gewebebahn angeordneten Saugkasten oberhalb der Gewebebahn ein zur Zuführung von Dampf, Wasser, verdünnter Lauge oder dergleichen dienender Kasten angeordnet ist, der mit seinen Randleisten das Gewebe gegen entsprechende Randleisten des Saugkastens preßt, wodurch an der Saugstelle der Zutritt atmosphärischer Luft nach Möglichkeit verhindert wird.

2. Vorrichtung nach Anspruch 1, dadurch gekennzeichnet, daß die beiden Kästen zur Verwendung für verschieden breite Gewebebahnen um eine senkrechte Achse drehbar angeordnet sind.

Dr. Paul Krais in Tübingen und Max Petzold in Zittau.

D.R.P. Nr. 225 282 vom 2. III. 1907.

Das Gewebe 78 gelangt in Richtung der Pfeile 88 zu den Preßwalzen, wird aber vorher durch das Spritzrohr 81 mit laugehaltigem Wasser angenetzt, welches dem der Mercerisiermaschine zunächst gelegenen Abteil 96 der Waschmaschine 44 entnommen werden kann. Das durch das Spritzrohr 81 zugeführte laugehaltige Wasser wird mit dem Dampf durch die Preßwalzen in die Ware eingearbeitet. Nachdem das Gewebe sämtliche Dampfsprühröhre 8, 18 passiert hat, gelangt es über die Rolle 53 zu dem Quetschwalzenpaar 54, 55, worauf der Rest der noch verbleibenden Lauge ausgequetscht wird. Von den Quetschwalzen 54, 55 gelangt das Gewebe über die Rolle 56 in die Waschmaschine 44, passiert hier die Rollen 57, 58, 59, 60, 61, die Walzen 62, 63, ferner die Rollen 64 bis 68, die Walzen 69, 70, die Rollen 71 bis 75, die Walzen 76, 77 und schließlich die Rolle 78.

Das zum Waschen des Gewebes verwendete Wasser gelangt durch Leitung 89 in das Spritzrohr 90, um gegen das Gewebe gespritzt zu werden und dann in das Abteil 91 der Waschmaschine 44

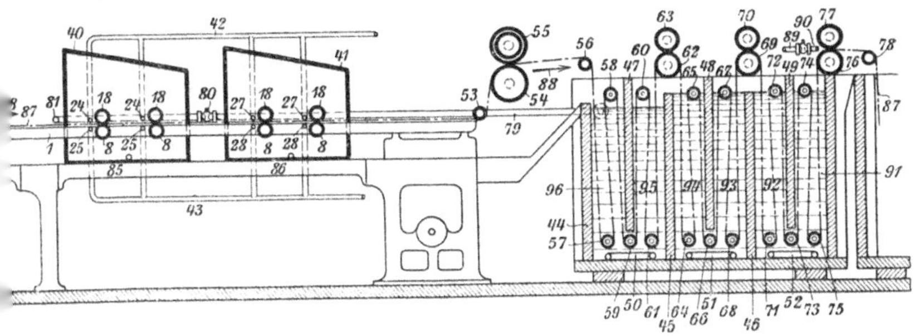

Fig. 19.

zu fließen. Von dort wird das Waschwasser in entgegengesetzter Richtung wie das Gewebe an den Wänden durch die Abteile 92, 93, 94, 95, 96 der Waschmaschine geführt, um schließlich aus dem letzten Abteil 96 nach dem Spritzrohr 81 zu fließen.

Patentanspruch: Verfahren zum Entlaugen der zum Zwecke des Mercerisierens mit Natronlauge getränkten Gewebe mittels Dampf nach Patent 203 745, dadurch gekennzeichnet, daß die Gewebe, bevor sie der Einwirkung des Dampfes und der Preßwalzen ausgesetzt werden, mit laugehaltigem Wasser benetzt werden.

Die Apparate für das oben wiedergegebene Krais'sche Verfahren werden von der Zittauer Maschinenfabrik und Eisengießerei Akt.-Ges. in Zittau geliefert.

Julius Matter, Laaken i. Rhld.

D.R.P. Nr. 215 045 vom 27. III. 1908.

Die den Gegenstand der Erfindung bildende Vorrichtung ist auf der Zeichnung beispielsweise in einem Vertikalschnitt dargestellt und wie folgt eingerichtet:

Es ist a ein Kasten, auf dessen Boden ein geneigter Behälter b angeordnet ist, der durch senkrechte Wände c in eine Anzahl Einzelbehälter d, d^1, d^2 usw. zerlegt wird. Von oben her tauchen in diese Einzelbehälter d Wände e, die von den Wänden c und vom Boden der Behälter d d^1 usw. so weit entfernt sind, daß die stufenförmigen Einzelbehälter d, d^1 mit einander kommunizieren und die Flüssigkeit z. B. in der Lage ist, aus dem obersten Behälter d^6 kaskadenförmig nach abwärts und dabei in jedem Einzelbehälter im Zickzack um die eintauchende Zwischenwand e herum zu fließen. In diesen Behältern d, d^1 usw. sind Leitrollen f angeordnet und zwischen denselben befinden sich in dem oberen Teil des Kastens a obere Leitwalzen g, die durch Räder h angetrieben werden. Der Antrieb dieser Räder erfolgt von einer Scheibe mittels Riemens k aus auf die Scheibe m oder durch eine sonstige Antriebvorrichtung. Auf der Achse der Scheibe i ist eine Walze n angeordnet, über der sich eine Walze o befindet. In dem Kasten sind nun senkrechte Wände p, q angeordnet, die dazu bestimmt sind, in dem Behälter einen Raum zu schaffen, zu dem der Zutritt der atmosphärischen Luft verhindert wird. Zu dem Zweck tauchen die senkrechten Wände q p in die in den Behältern d, d^6 befindliche Flüssigkeit und tragen ihrerseits an ihrem oberen Ende mit Flüssigkeit gefüllte Rinnen r, in welche ein Deckel s eingesetzt ist, so daß durch diesen zweiten hydraulischen Verschluß ein luftdichter Raum A innerhalb des Kastens a erzielt wird.

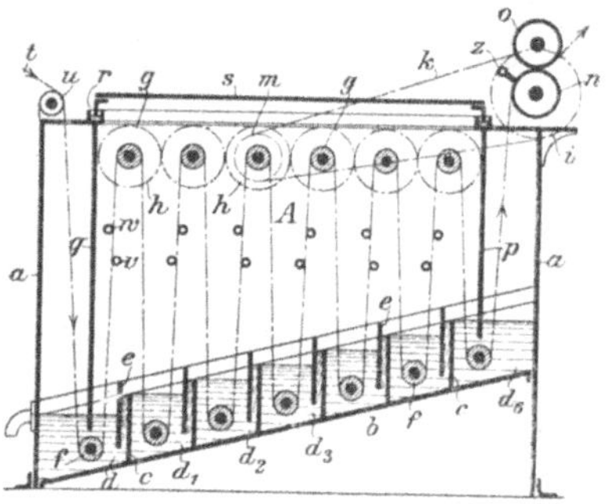

Fig. 20.

Die von der Mercerisiermaschine kommende Stoffbahn t wird über eine Walze u zunächst in den Behälter d hinein, dann aufwärts über die Rollen g nach unten in den nächsten Behälter d^1 usw. in zickzackförmigem Lauf geleitet, bis die Stoffbahn aus dem Kasten a heraus zwischen die Quetschwalzen n, o tritt, um von dort zur weiteren Behandlungsstelle geführt zu werden. Innerhalb dieses luftdichten Raumes A geht die Entlaugung der Stoffbahn vor sich. Zu dem Zweck sind Dampfrohre v quer über den Raum A so eingebaut, daß die durch die Vorrichtung über die Leitwalzen geführte Stoffbahn diese Rohre auf ihrem Wege berührt, während oberhalb der Dampfrohre v und an der entgegengesetzten Seite der Stoffbahn Abstreicher w angeordnet sind. Die Lage von v und w zueinander ist derart, daß zwischen Dampfrohren und Abstreichern eine Spannung des Stoffes eintritt. Die Dampfrohre v sind an der dem Stoff zugekehrten Seite gelocht, so daß der Dampf durch die Löcher austritt und auf den an ihnen vorbeigeführten Stoff derart einwirkt, daß die Lauge von der Faser entfernt wird. Der Abstreicher w streift alsdann die auf der Stoffoberfläche durch die Blaswirkung des Rohres v angesammelte Lauge, so daß diese in den jeweiligen Behälter d, d^1 ... hinunterfällt. Diese Wirkung findet bei jedem Dampfrohr v und jedem Abstreicher w statt und zwar einmal auf der Innenseite und das andere Mal auf der Außenseite der Stoffbahn. Die so aus dem Stoff ausgetriebene Lauge fällt dann immer in den ihr zugehörigen Behälter hinunter, und auf diese Art und Weise wird allmählich eine vollständige Entlaugung des Stoffes stattfinden, bis schließlich der Stoff fast vollständig entlaugt durch die Walzen n, o abgezogen wird. Zur besseren Wirkung sind die Löcher in den Dampfrohren versetzt, so daß die ganze Breite der Stofffläche von dem Dampf bestrichen wird, mithin sämtliche Fasern der Einwirkung des Dampfes unterliegen. Vor den Quetschwalzen n, o wird der entlaugte Stoff noch einmal kräftigem Wasserstrahl ausgesetzt, der durch eine Röhre z geführt wird. Dieses Wasser gelangt gleichzeitig in den letzten Behälter d^6 und mischt sich dort mit der dort vorhandenen Lauge und diese gemischte Flüssigkeit gelangt in den vorletzten Behälter d^5, von wo aus die übrigen Behälter d^4, d^3, d^2, d^1, d nacheinander von der Flüssigkeit gespeist werden.

Da nun durch diese Flüssigkeit auch gleichzeitig die Stoffbahn im Gegenstrom zur Flüssigkeit geführt wird, so wird die in jedem Behälter befindliche Flüssigkeit immer durch jeden aufwärts gehenden Teil der Stoffbahn mit hochgenommen, durch Dampfrohre v aufgelockert und ausgeschieden und durch die Abstreicher w abgestreift. Es wird sich somit in jedem Behälter, von d anfangend, in Abstufungen eine immer schwächere Lauge befinden, deren Konzentration nach Wunsch durch die entsprechende Wasserzuflußmenge durch z geregelt werden kann.

Man hat es somit in der Hand, in Abstufungen von z. B. zwei oder mehr Graden die Konzentration der Lauge in den Behältern d, d^1 ... beliebig zu regeln. Durch den Zutritt der Lauge um die eintauchenden Zwischenwände e herum von unten her in den benachbarten Behälter d findet in jedem Behälter ein günstiger zickzackförmiger Umlauf statt, wodurch die in den einzelnen Behältern befindliche Lauge sich möglichst schnell erneuert.

Einen wesentlichen, durch die neue Vorrichtung erzielten Vorteil bietet der Umstand, daß die Lauge zur unmittelbaren Verwendung aus jedem Behälter abgezapft werden kann, ohne daß sie regeneriert zu werden braucht. Dieser Vorteil wird dadurch erzielt, daß der Behälter A durch den beschriebenen hydraulischen oder einen ähnlichen Verschluß luftdicht im Kasten a eingekapselt, mithin auch der Zutritt von Kohlensäure aus der Luft zu ihm verhindert ist. Bei Gegenwart von Kohlensäure CO_2, würde bekanntlich die Natronlauge von der Formel NaOH sich in die Formel Na_2CO_3, aq., also in Sodalauge umwandeln. Letztere wäre aber nicht zu verwenden, sondern müßte erst regeneriert werden. Mittels der vorliegenden Vorrichtung ist es möglich, unmittelbar aus jedem Behälter von der gewünschten Konzentration abzuzapfen, so daß man in der Lage ist, aus dem Behälter d^3 z. B. Lauge für Bleichzwecke zu entnehmen und aus dem Behälter d oder d^1, in welchem für diesen Fall die Wand q eintauchen würde, eine hochgrädige Lauge für Mercerisierungszwecke zu entnehmen, da die Ausscheidungen der Lauge am Anfang naturgemäß stärker sind und nach und nach während des Zickzacklaufs der Stoffbahn abnehmen.

Patentansprüche: 1. Vorrichtung zum Entlaugen und Spülen insbesondere von mercerisierten Geweben mittels Dampfes und Spülflüssigkeit unter Zurückgewinnung der Lauge, dadurch gekennzeichnet, daß amBoden eines gegen Zutritt der Luft durch hydraulischen Verschluß gesicherten Behälters a stufenförmig mit einander in Verbindung stehende, mit Leitwalzen f ausgerüstete Behälter d, d^1 ... d^6 zum Durchströmen der Waschflüssigkeit bzw. Lauge angeordnet sind, und über jeden Behälter unterhalb einer oberen Leitwalze g ein Dampfrohr v, sowie ein Abstreicher w sich befindet, zwischen denen das über die Leitwalzen im Zickzack geführte Gewebe zwischen Dampfrohr und Abstreicher hindurchgeleitet wird.

2. Vorrichtung nach Anspruch 1, dadurch gekennzeichnet, daß in den stufenförmigen Behältern d, d^1 ... d^6 nicht bis zum Gefäßboden eintauchende Zwischenwände e angeordnet sind, um einen zickzackförmigen Verlauf der Spülflüssigkeit in jedem Behälter und gleichzeitig eine abgestufte Konzentration der Lauge zu erreichen.

Der Matter'sche Laugenrückgewinnungs-Apparat wird von J. P. Bemberg A.-G. Barmen geliefert.

B. Patente, die sich auf das Eindampfen der natronlaugehaltigen Spülwässer beziehen.

Otto Venter, Chemnitz.

D.R.P. Nr. 211 566 vom 29. III. 1907.

Patentanspruch: Verfahren zum Reinigen und Klären der durch den Mercerisationsprozeß verunreinigten Natronlaugen durch Behandlung mit Kalk, dadurch gekennzeichnet, daß die

Laugen mit einer die zum Kaustifizieren erforderliche Kalkmenge um ein Vielfaches übersteigende Menge Ätzkalk behandelt werden.

Dr. Paul Krais in Tübingen und Max Petzold in Zittau.

D.R.P. Nr. 216 622 vom 18. X. 1908.

Patentanspruch: Verfahren zum Reinigen und Klären der durch den Mercerisationsprozeß verunreinigten Natronlaugen durch Behandlung mit Kalk nach Patent Nr. 211 566, dadurch gekennzeichnet, daß man einen Teil des Kalkes durch Strontian oder Baryt ersetzt.

Nachdem durch die Behandlung mit Kalk allein das Auswaschen der großen Schlammmassen zu viel Schwierigkeiten machte, sollte durch die Zugabe von Strontian oder Baryt ein mehr körniger Niederschlag erreicht werden, aber die hohen Kosten dieser Zusätze erschweren deren Anwendung.

Julius Matter, Laaken i. Rhld.

D.A. Nr. 39 012 vom 11. IX. 1909.

Patentanspruch: Verfahren zum Reinigen der bei der Mercerisation verwendeten Lauge von Schlichte und anderen organischen Substanzen, dadurch gekennzeichnet, daß man zu der Lauge gebrannten Gips in pulverisierter Form (Gipsmehl) ohne Erwärmung zusetzt, durchrührt, und den sich bildenden Niederschlag absitzen läßt.

Julius Matter, Laaken i. Rhld.

D.A. Nr. 42 356 vom 8. IX. 1910.

Patentanspruch: Verfahren zum Reinigen der bei der Mercerisation verwandten Lauge von Schlichte und anderen organischen Substanzen gemäß Patentanmeldung Nr. 39 012, dadurch gekennzeichnet, daß neben dem Gips eine etwa gleich große Menge Kalk der Lauge zugesetzt wird.

Max Petzold, Zittau i. Sa.

D.A. Nr. 26 083 vom 2. XII. 1910.

Patentansprüche 1. Abänderung des Verfahrens nach Patent Nr. 211 566 zum Reinigen der durch den Mercerisationsprozeß verunreinigten Natronlauge mit Kalk, dadurch gekennzeichnet, daß man die schlichtehaltige Ablauge nicht mit Kalk allein, sondern mit einem Gemisch von Kalk und Ton behandelt.

2. Verfahren nach Anspruch 1, dadurch gekennzeichnet, daß man dem Gemisch von Lauge, Kalk und Ton ein Ausflockungsmittel zusetzt.

Rückgewinnungsanlage nach System Krais.

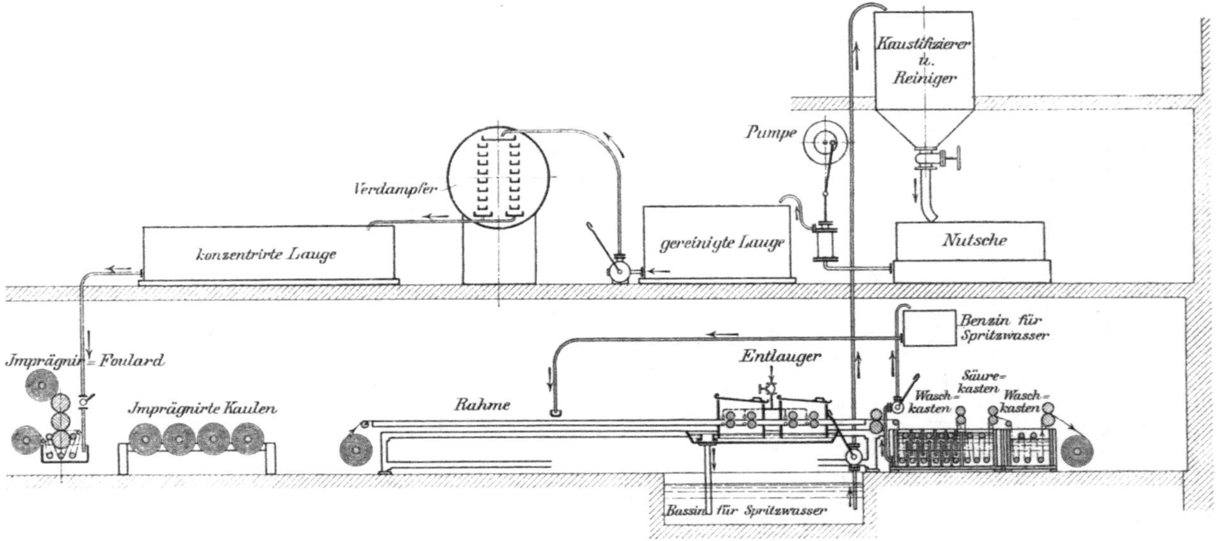

Fig. 21.

Nach Mitteilung von Dr. Krais ist die komplette Entlaugungsvorrichtung in drei großen Stückmercerisierungsfabriken im Gange. Es sollen bis zu 98 % Lauge in der Stärke von 8—9° Bé zurückgewonnen werden. Auch die stark schlichtehaltige Abfall-Lauge kann gereinigt und wieder benützt werden. Die Rückgewinnungsapparate nach diesem System werden von der Zittauer Maschinenfabrik und Eisengießerei A.-G. in Zittau geliefert.

Rückgewinnungsapparat von C. A. Gruschwitz, Olbersdorf bei Zittau.

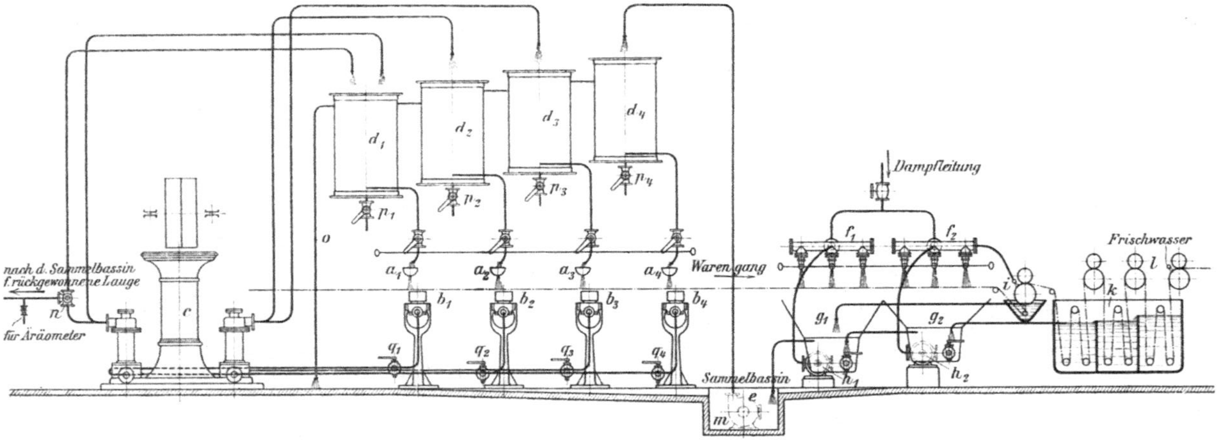

Fig. 22.

Die Anordnung dieses Systems ist auch auf Seite 112 genauer zu ersehen. Es werden nach Angabe von Gruschwitz 90 % der angewandten Lauge in der Konzentration von 9—10° Bé zurückgewonnen. Die Entlaugungsvorrichtung besteht aus einer Spritzwasserdurchsaugevorrichtung, der Durchspritzvorrichtung, dem Quetschwerk und der kleinen Waschmaschine.

Bei dem Apparat von Gruschwitz setzt sich die Spritzwasserdurchsaugevorrichtung zusammen aus den 4 Spritzmulden A1 bis A4 und den vier Saugmulden B1 bis B4, der vierfachen Kolbenpumpe C, den vier hochstehenden Reservoirs D1 bis D4, der kleinen Zentrifugalförderpumpe E und den erforderlichen Saug-Druck- und Abspritzrohrleitungen mit Hähnen.

Die Durchspritzeinrichtung besteht aus den beiden Spritzrohrserien F1 und F2, den beiden Reservoirs G1 und G2 und den beiden, resp. einer Rotationspumpe H1 und H2 nebst den dazugehörigen Rohrleitungen mit Hähnen.

Das Quetschwerk J ist zweiwalzig und mit Spritzrohr und Trog versehen.

Die Waschmaschine K hat einen dreiteiligen, für Gegenstrom eingerichteten Kasten sowie drei zweiwalzige Quetschwerke, deren letzteres mit Spritzrohr L versehen ist.

Die Entlaugung arbeitet im Gegenstromprinzip und an frischem Spritzwasser wird nur das Quantum zugeführt, welches das Spritzrohr L unter normalen Druckverhältnissen hergibt.

Die Zirkulation des Spritzwassers ist folgende: Der durch Rohr L erzielte Überschuß läuft durch Überlaufrohr aus Kasten K nach Kasten G2 und derjenige der Quetschwerke J nach Kasten G1. Beide Kästen, resp. auch Gruben, G1 und G2 stehen durch Überlaufrohr in Verbindung und die in den Kästen befindliche Flotte wird durch Pumpen H1 und H2 und Spritzrohre F1 und F2 im Kreislauf durch die Ware gedrückt.

Der Überschuß von G1 läuft in eine Grube M, von wo ihn die Zentrifugalpumpe E in das an höchster Stelle stehende Bassin D4 befördert. Von D4 gelangt das Spritzwasser durch die Mulde A4 auf die Ware und wird von Pumpe C vermittels Saugmulde D4 durchgesaugt und in das Bassin D3 gedrückt. Von D3 durch A3 und B3 nach D2, von D2 durch A2 und B2 nach D1, von D1 durch A1 und B1 wieder nach D1, oder, wenn die gewünschte Konzentration erzielt ist, durch Einstellen des Dreiwegehahnes N nach dem Laugensammelbassin.

Das Überlaufrohr O des Bassins D1 ist hauptsächlich nur am Anfang der Inbetriebsetzung der Entlaugung in Tätigkeit, wenn in allen Kästen reines Wasser ist und man infolgedessen erst solange mit der Vorrichtung im Kreislauf arbeiten muß, bis die bestimmte Konzentration erreicht ist, die sich im normalen Betrieb erhält. Die Kästen D1 und D4 sind durch Überläufe miteinander verbunden und die Hähne P1 und P4 dienen zum Ablassen. Die Hähne Q1 und Q4 in den Saugleitungen der großen Pumpe dienen gegebenenfalls zum Ablassen der Flotte aus den Mulden und Saugrohren.

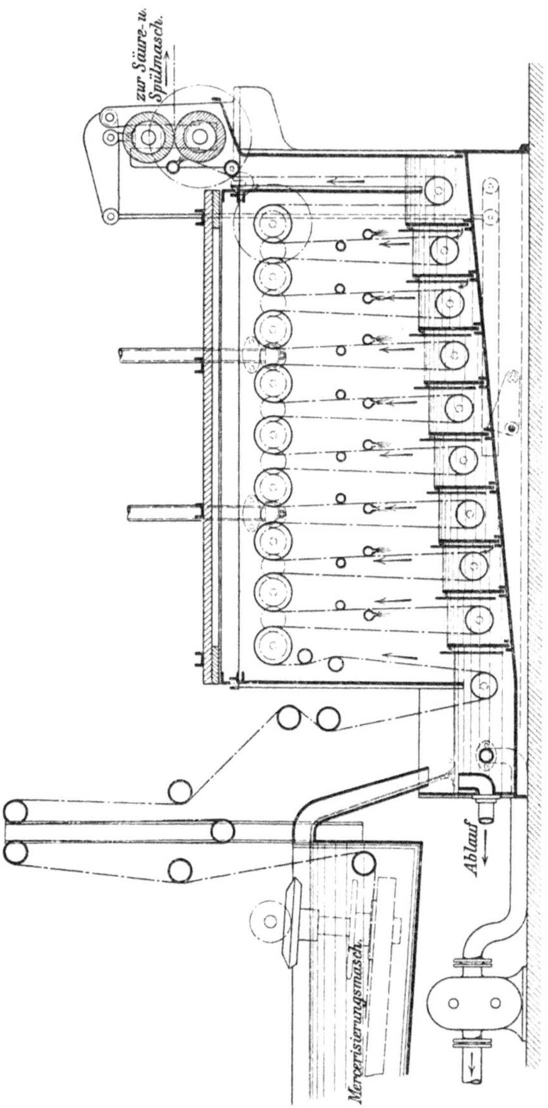

Fig. 23.

Der Matter'sche Apparat hat sich sehr rasch und mit gutem Erfolg eingeführt, so daß eine große Anzahl Fabriken bereits nach diesem System arbeiten. Es wird bestätigt, daß ca. 95—96 % Natronlauge in einer Stärke von 8—9° Bé zurückgewonnen werden. Die Lauge kann auch in einer Konzentration bis zu 12° Bé zurückgewonnen werden, nur ist dann die Ausbeute an zurückgewonnener Lauge etwas geringer.

Der Hauptvorteil des Matter'schen Systems ist, daß der Apparat unter Luftabschluß arbeitet, so daß die schädliche Anreicherung der Lauge mit Soda vermieden wird.

Der Apparat wird von der Firma J. P. Bemberg, A.-G., Barmen geliefert. In Fällen, wo die Lauge eingedampft werden soll, liefert die gleiche Firma auch spezielle Vakuum-Eindampf-apparate.

VI. Die Appretur mercerisierter Gewebe.

Die Appretur der mercerisierten Gewebe hat seit Auftreten der Mercerisierung fast die gleiche Bedeutung erlangt wie die Mercerisierung selbst.

Die Appreturen an sich sind sehr verschieden und richten sich nach dem Bedarf und nach der speziellen Art der Ware, immerhin können folgende vier Hauptgruppen unterschieden werden.

A. Appretur mittels Riffelkalander.
B. Hall- oder Williams-Finish.
C. Permanentfinish.
D. Sonstige Appreturen.

A. Die Appreturen mittels Riffelkalander.

Die Benutzung der Riffelkalander für mercerisierte Gewebe ist eine Erfindung von Dr. Schreiner in Barmen, und deshalb wird in England und Amerika diese Appretur allgemein mit „Schreinern“ bezeichnet.

Das betreffende Patent von Dr. Schreiner, der Teilhaber der Firma Ferd. Mommer & Co. in Barmen war, wurde durch den Patentanwalt R. Deissler in Treptow-Berlin angemeldet und hat folgenden Wortlaut:

Verfahren zur Erzeugung eines Seidenglanzes auf Geweben, Garnen, Vorgespinsten etc. aus Pflanzen- und Tier- sowie gemischten Gespinstfasern.

D.R.P. Nr. 85 368 vom 23. VI. 1894.

Wie bekannt, zeichnet sich die Seide vor allen anderen Gespinstfasern durch ihren Lüster aus, d. h. durch das der Seidenfaser im hohen Grade eigentümliche Vermögen, Licht zu reflektieren. Während das Wollhaar einen runden Querschnitt hat und daher nur von einer Linie Licht zu reflektieren imstande ist, zeigt die Kokonfaser eine bandartige Form (Querschnitt) und besitzt auf jeder Breitseite eine lichtreflektierende Fläche von 0,01 bis 0,015 mm Breite. Die Wolle zeigt infolgendessen der Seide gegenüber nur einen schwachen Lüster; ähnlich verhält es sich mit anderen tierischen und pflanzlichen Faserstoffen.

Preßt man sie aber z. B. als Gewebe mit bekannten Hilfsmitteln, so entstehen auf den einzelnen Wollhaaren bzw. Fasern aus anderem Material zunächst kleine Flächen, und wird dadurch der Lüster etwas erhöht; preßt man stärker, so entstehen größere Flächen, die aber jetzt nicht mehr als Lüster, sondern als Spiegel (technisch Speckglanz genannt) erscheinen, weil alle diese Flächen in einer Ebene liegen und beinahe ununterbrochen verbunden sind, also gleichzeitig Licht reflektieren können.

Im Gegensatz hierzu spiegeln beim Seidengewebe nur allein die zahllosen kleinen Flächen, welche zufällig parallel gelagert, sich gerade in dem für das Auge richtigen Reflexionswinkel befinden. Dabei sind die einzelnen Flächen durch Linien oder andere Flächen, die zu jenen winklig sind, getrennt. Bei veränderter Lage des Gewebes oder des Auges reflektieren wieder zahllose andere parallele, d. h. in derselben Ebene liegende kleine Flächen.

Um nun auch anderen, in mancher Beziehung die Seide übertreffenden pflanzlichen oder tierischen Stoffen oder Gemischen aus beiden, insbesondere Wolle, den Seidenglanz zu verleihen, ist es nötig, auf den runden Haaren oder Fasern eine Anzahl Flächen zu erzeugen, die nicht in einer, sondern in verschiedenen zueinander winklig geneigten Ebenen liegen. Dies kann dadurch geschehen, daß man die Wolle usw. mittels einer von einem dichten Seidenatlasgewebe galvanoplastisch entnommenen Form preßt.

Da indessen solche Abdrücke sehr schwer herstellbar und auch wenig dauerhaft sind, so ist das folgende Verfahren bequemer. Dieses Verfahren läßt sich nun nicht etwa allein für fertige Gewebe anwenden, es hat sich vielmehr durch Versuche ergeben, daß es sich auch sehr gut für jede Art Gespinstfasern, Vorgespinsten und Garn, sowie auch für Gewebe aus irgend welchen Gespinstfasern benutzen läßt; auch Seide und Halbseide kann man auf diese Weise noch mehr veredeln.

Auf einer Stahlplatte oder Stahlwalze werden zahlreiche kleine Flächen in verschiedenen, winklig zueinander liegenden Ebenen eingraviert oder auf einer entsprechenden Maschine, etwa einer Hobelmaschine, eingeschnitten.

Man kann das Aussehen der in einer Linie eingravierten Flächen gut mit dem Aussehen der geschränkten Zähne eines Sägeblattes vergleichen. Die Flächen sind so fein, daß fünf bis zwanzig Rillen oder 10 bis 40 Flächen auf einen Millimeter kommen. Mit einer solchen Platte wird nun das Gewebe unter einem Druck von 30 bis 50 kg pro Quadratmeter gepreßt und zwar derart, daß die Rillen parallel mit dem Garn liegen, auf welchem der Seidenglanz erzeugt werden soll.

Da nun nach der Einwirkung der Presse durch die Beweglichkeit des Gewebes die einzelnen Haare des Garnes nicht gleichmäßig in der Lage verharren, in die sie während des Pressens gezwungen waren, so entsteht auf jeder gepreßten Fläche wiederum eine größere Anzahl kleinerer Flächen, und wird dadurch der Charakter der Seide vollständig erreicht. Die Verhinderung des Spiegelns erfolgt durch die eingepreßten Linien, da dadurch ein Absetzen der Flächen und somit ein unterbrochenes Zurückwerfen des Lichtes herbeigeführt wird, was gerade den Lüster im Gegensatz zu dem durch die in gleicher Ebene liegenden zahlreichen kleinen Flächen erzeugten Glanz bedingt.

Um den so erzeugten Lüster haltbar zu machen, bzw. die kleinen Flächen zu fixieren, wird die Operation bei hohen Temperaturen mit oder ohne vorausgehendes oder nachfolgendes Einwirken von Dampf ausgeführt.

Das im Vorstehenden beschriebene Verfahren ist anwendbar auf Gewebe oder ähnliche Fabrikate aus irgend welchen Gespinstfasern, insbesondere kann gekämmte Wolle, Vorgespinst und Garn auf diese Weise hervorragend veredelt werden.

Patentanspruch: „Verfahren zur Erzeugung eines Seidenglanzes auf Geweben, Garnen, Vorgespinsten usw. aus Pflanzen- und Tier- sowie gemischten Gespinstfasern, darin bestehend, daß man durch Pressen auf denselben zahlreiche kleine, in verschiedenen Ebenen winklig zu einander liegende Flächen erzeugt."

Das Patent wurde in der obigen Fassung erteilt, aber der Erfinder hatte große Mühe, um dasselbe auch zur Geltung zu bringen.

Ähnlich wie bei dem Mercerisierverfahren von Thomas und Prevost in Krefeld hatte auch dieses schon einen Vorgänger und zwar das englische Patent Nr. 4595 vom 14. April 1885 von Georg William Chambers Kirkham, Cecil Villas in England.

Dasselbe lautet:

Verbesserung der Appretur der Baumwollgewebe und der Apparate hierzu.

Der Erfinder sagt, der Zweck der Erfindung sei die Erzeugung von Seidenglanz auf Baumwollgewebe. Dieses wird erreicht, indem das Gewebe einen Kalander passiert, der feine Linien oder Riffeln enthält. Bei den Riffeln ziehe er vor, daß sie im rechten Winkel zu der Leiste des Gewebes laufen, da dadurch das Gewebe seidenähnlicher wird, als wenn die Linien parallel mit den Leisten laufen.

Die Linien sind außerordentlich feine Rillen oder Furchen, denn nur die Feinheit dieser erzeugt den Seidenglanz.

Als beste Distanz fand er $^1/_{45}$ oder $^1/_{46}$ Zoll vom Mittelpunkt der einen, bis zum Mittelpunkt der anderen Linie, doch fügt er hinzu, er kann sich nicht genau auf dieses Maß festlegen, sondern kann nur das eine angeben, daß die Rillen sehr fein und gleichmäßig sein müssen.

Wenn Querlinien eingepreßt werden sollen, ziehe er vor, zwei Walzen zu benützen, die eine, die in der Richtung zu ihrer Achse, die andere, die im rechten Winkel hierzu graviert ist. Die Ware wird zuerst von der einen, dann von der anderen Walze gepreßt, obwohl der gleiche Effekt auch mit einer Walze, die nach beiden Richtungen hin graviert ist, erreicht werden kann.

Am Schluß der Patentbeschreibung sagt der Erfinder:

Wenn ich auch meine Erfindung oben ausführlich und genau beschrieben habe, so möchte ich doch noch beifügen, daß, wenn auch die beschriebenen gravierten Walzen den Eindruck erwecken, als wären es die gewöhnlichen gravierten Walzen, so ist dies noch nicht der Fall, denn meine Walzen sind für den gewöhnlichen Gebrauch nicht zu verwenden, wie die bisher gravierten Walzen für meinen Zweck wertlos sind.

Der Patentanspruch lautet: 1. Die oben beschriebene Appretur der Baumwollgewebe, darin bestehend, daß eine Anzahl von feinen Linien oder Rillen, welche parallel nebeneinander laufend, graviert und in der Längsrichtung des Gewebes oder quer zu diesen, oder auch quer und in der Längsrichtung zusammen aufgepreßt werden, um dem Gewebe einen seidenartigen Glanz zu verleihen.

2. Als ein Mittel zur Herstellung des Seidenglanzes, die Erzeugung von gravierten Walzen in feinen Linien usw., ähnlich wie oben beschrieben.

Auf Grund dieses Kirkham'schen Patentes wurde später beim Patentamt wie auch beim Reichsgericht Nichtigkeitsklage gegen das Schreiner'sche Patent erhoben, aber beide Instanzen lehnten diese ab.

Es war auch fraglos, daß Schreiner bei seiner auf theoretischer Basis erfolgten Ausarbeitung keine Ahnung von dem Kirkham'schen Patent hatte und ebenso fraglos ist es, daß, wenn nach Kirkham gearbeitet wird, nie der gleiche Seidenglanz zu erzielen ist als nach dem Patent von Dr. Schreiner. Bei dem Verfahren des Letzteren handelt es sich daher um eine vollkommen selbständige Neuerung, die von hervorragender Bedeutung für die Textilindustrie war und noch heute ist. Es ist nur zu bedauern, daß der Erfinder so viel Mühe daran wenden mußte, um gegen die Vielen, die glaubten das Verfahren ohne Lizenz benützen zu dürfen, zu prozessieren.

Weitere Patente, die eine Änderung der Gravur bezweckten, sind:

Pope & Hübner, Manchester. D.R.P. Nr. 167 930 vom 28. X. 1904.

Albert Keller-Dorian, Mülhausen i. Els. D.R.P. Nr. 185 835 vom 24. XI. 1905.

Josef Eck & Söhne, Düsseldorf. D.R.P. Nr. 197 589 vom 9. III. 1906.

Die Arbeitsweise für Gewebe, die geriffelt werden, ist verhältnismäßig einfach.

Die Ware kommt nach dem Färben und Trocknen und nachdem sie eventuell nochmals gesengt wurde, zur Appretur.

Sie wird dort je nach dem Griff, der verlangt wird, entweder mit etwas Türkischrotöl und Seife foulardiert oder, wenn das Gewebe steiferen Griff haben soll, mit einer dünnen Lösung von Gelatine oder Dextrin behandelt. Nach dem Trocknen passiert die Ware, um sie fadengleich zu bekommen, die Tender-Maschine und wird dann gleich aufgerollt.

Dann folgt das Kalandern auf dem Seifenfinish-Kalander bei 80—100° C mit einem Druck von 40—50 000 kg.

Fig. 24.

Riffelkalander oder Seifenfinishkalander von Joh. Kleinewefers Söhne, Krefeld.

Der Riffelkalander wird von fast allen Textilmaschinenfabriken geliefert. Derselbe besteht meist aus einer Papierwalze, einer gravierten Stahlwalze und einer Antifriktionswalze. Die Stahlwalze ist mit Gasheizung versehen und die Pressung erfolgt auf hydraulischem Wege mit einem Druck von ca. 80 000 kg.

Nach dem Kalandern wird die Ware vielfach unter Zuführung von Dampf wieder getendert.

Zum Schluß wird die auf der Rolle befindliche Ware abgezogen, doubliert und zwischen Preßspähnen gepreßt.

B. Hall- oder Williams-Finish.

Die Firma Kleinewefers Söhne meldete den hierfür dienenden Kalander unter dem Namen ihres kaufmännischen Leiters zum Patent an, woher die Bezeichnung „Hall-Finish" rührt, während die weitere in England allgemein gebräuchliche Bezeichnung „Williams-Finish" daher stammt, daß die Firma Williams und Sons in Gorton diesen Finish in England zuerst herstellte.

Dieser Finish beruht auf der Benutzung eines speziellen Kalanders, der in Folge der Verwendung winklig zueinander gestellter Walzen der Ware einen viel größeren Glanz gibt als die früheren Kalander, die mit parallel gelagerten Walzen arbeiteten.

Es handelt sich bei diesem Finish um eine Art Hochglanz, Spiegelglanz, wie er früher wohl auch mit dem Friktionskalander annähernd erreicht wurde, nur daß auf dem Hall-Kalander ein viel schönerer, reicherer Atlasglanz zu erzielen ist.

Die Patentschrift lautet:

Glättkalander für Papier, Textilwaren, Holz, Leder u. dgl.

D.R.P. Nr. 177 241 vom 5. III. 1903.

von Hermann Hall in Krefeld.

Von den bekannten zweiwalzigen Glättkalandern, bei denen das Werkstück zwischen parallel gelagerten Walzen mit verschiedener Geschwindigkeit hindurchgeführt wird, unterscheidet sich der neue Glättkalander durch die Art der Lagerung der Walzen zueinander.

Fig. 25.

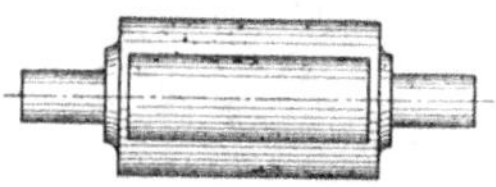

Fig. 26.

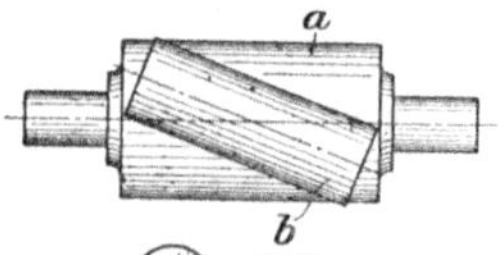

Fig. 27.

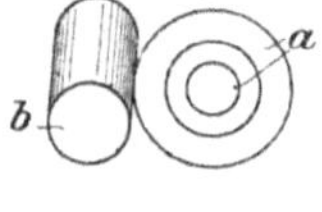

Statt der bisher angewendeten Parallellage der Walzenachsen nach Fig. 25 wird eine Schieflagerung der Walzen a und b zueinander eingeführt, wie in Fig. 26 und 27 in etwas übertriebenem Maßstabe veranschaulicht. Die Achsen der Walzen überschneiden sich danach innerhalb der Walzenlänge selbst.

Ein solches Walzensystem mit zueinander winklig stehenden Walzen, von denen nur eine angetrieben wird, bietet gegenüber den bekannten Friktionskalandern den Vorteil, daß man damit leicht die jeweils gewünschte Reibung erzeugt.

Walzen, deren Achsen parallel liegen, rollen ohne Ausübung seitlichen Druckes übereinander weg. Sobald aber eine geringe Schiefstellung der Achsen herbeigeführt wird, so daß ein Überschneiden vorhanden ist, treten Druckwirkungen ein, durch welche die Walzen in der Achsenrichtung um so stärker verschoben werden, je mehr der Achswinkel wächst. Dies bietet die Ursache für die stärkere Reibung, welche das zu behandelnde Material zwischen schief aneinanderliegenden Walzen erleidet, und wodurch es an Glanz und Glätte gewinnt.

Zumeist wird man bei dieser neuen Art und Weise der Hervorbringung glänzendster Preßeffekte mit Walzen verschiedener Form arbeiten, doch steht der Verwendung von Walzen mit gleichartiger Oberfläche nichts entgegen. Die Oberfläche einer oder mehrerer oder auch aller Walzen kann entweder rauh oder glatt oder hoch poliert oder auch in irgend einer Weise unterbrochen sein. Die gewünschte Leistung ist dafür maßgebend.

Die erzeugte Reibung ist in weitesten Grenzen regelbar. Die Friktion, also der Wirkungsgrad der Einrichtung, wächst mit dem Winkel, den die Achsen einschließen, so daß durch dessen Veränderung der Grad des zu erzeugenden Glanzes bestimmt und die Schiefstellung der Walzen danach festgelegt werden kann.

Der neue Kalander soll zur Glättung von Papier, Karton, Pappen, Kunstleder, Leder, Holz, namentlich in Fournieren, Geweben aller Art, Zelluloidplatten und dgl. dienen.

Patentanspruch: Glättkalander für Papier, Textilwaren, Leder und dergleichen, dadurch gekennzeichnet, daß zwecks Erzielung hoher Glätte die Achsen der zylindrischen Glättwalzen (z. B. a und b in Fig. 26) winklig zueinander stehen.

Patentinhaber sind Joh. Kleinewefers Söhne in Krefeld; die Firma Joseph Eck & Söhne in Düsseldorf hat Lizenz zur Herstellung des Kalanders erworben.

Die Schrägstellung kann beliebig sowohl bei den Kalandern mit glatten Walzen als auch bei solchen mit gravierten Walzen angebracht werden.

C. Permanent-Finish.

Der Permanent-Finish erlangte besonders in den letzten Jahren eine außerordentliche Bedeutung. Er unterscheidet sich von dem gewöhnlichen Silk-Finish (wie unter A beschrieben) hauptsächlich dadurch, daß die Ware viel glanzreicher ist und gegen den Hall-Finish (wie unter B beschrieben), daß der Glanz beim nassen Bügeln nicht verschwindet. Es muß allerdings dabei eingeschaltet werden, daß die Widerstandsfähigkeit beim nassen Bügeln keine absolute ist, und der Glanz immer eine gewisse Einbuße erleidet; nur ist er bei dem Permanent-Finish viel widerstandsfähiger als wenn die Ware die Riffelappretur erhält.

Die Entwicklungsgeschichte des Permanent-Finish ist beiläufig folgende:

Die erste Befestigung des Glanzes erfolgte in der Weise, daß das geriffelte, also schon glänzende Gewebe mit feuchten Tüchern gedämpft wurde.

Die zweite Methode bestand darin, daß auf das glänzende Gewebe Nitrozellulose, in verschiedenen leichtflüchtigen Mitteln gelöst, aufgetragen wurde.

Später folgte das Auftragen von Albumin, wodurch wohl ein verminderter Glanz, aber dabei doch auch eine gute Widerstandsfähigkeit gegen feuchtes Bügeln erzielt wird.

Zum Schluß erschien dann der heutige Permanent Finish, der mit allen möglichen Phantasienamen, wie „Radium-Finish", „Adler-Finish" usw. belegt wurde und der darauf basiert, daß das vorkalanderte, also das schon glänzende Gewebe, in feuchtem Zustande den Riffelkalander bei hoher Hitze und mit starkem Druck passiert.

Man benützt im allgemeinen zur Herstellung des ersten Glanzes den Hall-Kalander, da dieser das Gewebe am glanzreichsten macht, und die Fixierung des Glanzes erfolgt am Riffelkalander bei einer Temperatur, die zwischen 200—300° C schwankt. Je höher die Temperatur ist, desto permanenter ist auch der Glanz.

An sich war die Tatsache, daß durch Hitze und Druck der Glanz gegen Feuchtigkeit widerstandsfähiger wird, schon lange bekannt. Auch das englische Patent von Sharp vom 15. VII. 1892 (siehe Seite 154) sagt schon, daß das Fixieren des Glanzes in der Weise erfolgt, daß das Gewebe erst einen Glanz erhält, und dann mit feuchten Tüchern einer starken Hitze und starkem Druck ausgesetzt wird. Aber die Aufgabe war insofern noch nicht ganz gelöst. als erst ein Weg gefunden werden mußte, um mittels der üblichen Kalander den gleichen Zweck zu erreichen, und das schwierigste dabei war, genaue Unterlagen zu finden, wie und in welcher Weise die Zuführung der Feuchtigkeit erfolgen soll, da es sich gezeigt hatte, daß durch Feuchtigkeit der Effekt immer am stärksten gesteigert wird.

Die Ausarbeitung auf dieser Basis wurde von der Firma J. P. Bemberg, A.-G., Barmen vorgenommen, und sie brachte den neuen Permanent-Finish, der sehr großes Aufsehen erregte, als erste auf den Markt. Die erforderlichen Vorarbeiten sollen der Firma einen großen Aufwand an Mühe, Arbeit und Kosten verursacht haben und wenn sie auf das Verfahren in Deutschland kein Patent erhalten konnte, so dürfte dies hauptsächlich an der Schwierigkeit der richtigen Abgrenzung gelegen haben.

Es darf vielleicht an dieser Stelle hervorgehoben werden, daß den Patent-Anmeldungen der Textilindustrie vielfach die nötige Präzisierung fehlt, weil die Ansicht vorherrscht, daß es besser ist, wenn die Hauptsache geheim bleibt und für die Patentierung nur die allgemeinen Umrisse gegeben werden. Vielfach versagt aber diese Methode. Die Patente sind dann nicht, oder nur auf unvollkommener Basis zu erlangen und die Geheimhaltung ist, wie es sich vielfach und auch in diesem Fall gezeigt hat, doch nicht durchführbar.

1. Patente, die sich auf das Dämpfen der Gewebe mit feuchten Tüchern zur Herstellung des Permanent-Finish beziehen.

Verbesserung in der Appretur von Baumwollwaren.

Engl. Patent Nr. 16 746 A.D. 1897 vom 15. VII. 1897 von Milton Sheridan Sharp, Heckmondwike.

Die Erfindung bezieht sich auf eine Verbesserung in der Appretur der Baumwollwaren, besonders des Baumwollzanellas, um einen viel besseren Glanz zu erzielen als dies bis jetzt möglich war. — Sie besteht in Folgendem:

Die nach der gewöhnlichen Methode zur Herstellung des Glanzes behandelte Ware, sei sie durch Pressen, Kalandern oder Gauffrieren glänzend gemacht, wird zwischen feuchte Tücher gefaltet, so daß die Oberfläche der Ware gleichmäßig bedeckt ist. Dann wird die so gefaltete Ware in eine mit Dampf erhitzte Presse eingelegt und der Hitze wie dem Druck unterworfen.

Der anzuwendende Druck richtet sich in erster Linie nach der Art der Ware und kann von 560—6700 per Kubikzoll betragen und zwar wird der Druck und Hitze ca. eine Stunde einwirken gelassen.

Diese neue Methode des Pressens mit feuchten Tüchern bietet Vorteile gegenüber einem eventuellen Pressen der feuchten Ware selbst, denn wenn die Ware erst befeuchtet und dann zwischen Preßspähne gefaltet gepreßt wird, so wird das Papier beschädigt und befleckt die Ware, während beim Pressen gleichmäßig gefeuchteter, mit der Ware gefalteter Tücher dies vermieden ist.

Als feuchte Tücher werden gewöhnliche vorher ausgekochte Baumwollwaren genommen und um sie gleichmäßig zu befeuchten, werden sie entweder durch ein Foulard genommen, dessen untere Walze im Wasser läuft, oder das Tuch läuft direkt im Wasser selbst und wird dann zentrifugiert.

Patentanspruch: „Das Fixieren des Glanzes auf Baumwollwaren, indem man auf diesen erst einen Glanz nach irgend einer Methode erzeugt und dann das Gewebe zusammengefaltet mit feuchten Tüchern, wie beschrieben, starker Hitze und starkem Druck aussetzt.“

In einem zweiten Patent des gleichen Verfassers wird das Verfahren wie folgt ausgebildet:

Engl. Patent Nr. 25 703 vom 30. XII. 1899.

Patentanspruch: Das Fixieren des Glanzes auf Baumwollwaren, indem man auf diesen erst einen Glanz nach irgend einer Methode erzeugt, diese Gewebe mit feuchten Tüchern unter Druck zusammenrollt und sie so einem Kalandrieren unter starkem Druck unterwirft. Die kalanderten Stücke werden dann in einem geschlossenen Behälter mit trockenem Dampf gedämpft.

Soweit wir unterrichtet sind, wurde nach dem Sharp'schenVerfahren in England gearbeitet, aber dasselbe erwies sich als sehr kompliziert und wenig sicher in der Ausführung; es hatte darum eine wesentliche Verbreitung nicht erfahren können.

2. Patente, die sich auf das Auftragen von Nitrocellulose und ähnlichen Substanzen beziehen.

Verfahren zur Festlegung der Prägung von Geweben mit Seidenglanz.

D.A. Nr. 12 045 vom 27. VIII. 1903.
von Leib Jos. Chischin, Moskau.

Die bis jetzt auf Geweben erzeugten Pressungen für den sog. „Seidenfinish“ hatten den Nachteil, daß sie, da dieselben mittels mechanischen Druckes angewärmter Walzen erzielt waren, sehr leicht beschädigt und zerstört wurden, insbesondere unter dem Einfluß von Wasser und überhaupt von Feuchtigkeit im allgemeinen, wobei es vorkam, daß der Seidenfinish ganz verschwand. Das vorliegende Verfahren zur Festlegung der Prägungen von Geweben mit Seidenglanz besteht darin, daß die letzteren, nachdem sie die Silber- bzw. Preßkalander verlassen, mit einer dünnen Kollodiumschicht in der Appretur- bzw. Druckmaschine überzogen werden. Hierbei füllen sich die Rinnen mit Kollodium an, so daß nachfolgende Nässe die Gravur nicht wieder aufheben kann. Infolge der Durchsichtigkeit des Kollodiums ist der Effekt der erhabenen oder silberigen Muster ein nicht geringerer als bei unbedeckten Geweben.

Patentanspruch: Verfahren zur Festlegung der Prägung von Geweben mit Seidenglanz, dadurch gekennzeichnet, daß man die Gewebe mit Kollodium überzieht.

Das Patent wurde auf Einspruch versagt, obwohl es eigentlich das erste Verfahren ist, nach welchem mittels Nitrozellulose der Finish fixiert wird.

Verfahren, einen mechanisch hervorgebrachten Glanz auf Geweben haltbar zu machen.

D.R.P. Nr. 212 696 vom 11. XII. 1903
von The Bradford Dyers Association, Ltd. Bradford (Engl.).

Gewisse Arten von Geweben hat man seit vielen Jahren zwischen mit feinen parallelen Linien eingravierten Walzen hindurchgehen lassen, um ihnen einen seidenähnlichen Glanz oder Schein zu geben, ein Verfahren, das unter dem Namen „Schreinern“ bekannt ist.

Der durch solche mechanische Mittel erzeugte Glanz ist jedoch nicht von steter Dauer, da er mehr oder minder verloren geht, wenn die Ware einer feuchten Atmosphäre oder Regen oder der Wirkung eines Bügeleisens ausgesetzt wird. Man hat daher schon des öfteren versucht diesen Glanz haltbar zu machen und viele Verfahren in Vorschlag gebracht, jedoch hat man bis jetzt nur sehr geringen Erfolg mit diesen gehabt.

Man hat versucht, die Stoffe mit Firnis oder verschiedenen Formen von veränderter Zellulose innig zu tränken, wobei das Gewebe wasserdicht wurde. Wird dies vor der Glanzerzeugung nach Schreiner gemacht, so erhält man ein steifes, hartes Produkt, geschieht es nachher, so geht der Glanz in beträchtlichem Maße verloren und die Farbe des Stoffes leidet Schaden.

Nach vorliegendem Verfahren gelingt es, den Stoff fast gänzlich unverändert in Gewebe und Aussehen mit dauerhaftem Seidenglanz zu versehen.

Das Verfahren besteht im wesentlichen darin, daß die Oberfläche des Gewebes entweder vor oder nach dem sogenannten Schreinern mit einer Lösung von Nitrozellulose im Amylazetat behandelt wird.

Der Grund hierzu, Amylazetat im Gegensatz zu den gebräuchlichen Lösungsmitteln, wie Äther, Alkohol, Kollodium u. a., zu verwenden, ist darin zu suchen, daß, wenn die Nitrozelluloselösungen bei der Verwendung Wasser enthalten oder irgendwie in Wasser löslich sind, die Nitrozellulose mehr oder weniger auf der Oberfläche des Gewebes als weißliche Schicht ausgefällt wird.

Verwendet man jedoch Amylazetat, das in Wasser vollkommen unlöslich ist, in den Mengenverhältnissen und in der Art der vorligenden Erfindung, so bleibt das Aussehen des Stoffes tatsächlich unverändert. Die Lösung muß sehr verdünnt sein, am besten nicht mehr als 2 % Nitrozellulose bei einmaliger Behandlung enthalten, und nicht mehr als 1 %, wenn sie zweimal angewendet wird, was vorzuziehen ist.

Die Lösung kann durch Walzen aufgetragen werden oder in der Weise, daß man die Ware durch sie führt und sie dann ausschwenkt; am besten spritzt man die Lösung fein verteilt gleichmäßig über die geschreinerte Oberfläche der Ware und imprägniert nach Verdampfen des Lösungsmittels ein zweites Mal. Die Imprägnierung soll nicht in der Weise vorgenommen werden, daß sich über der Ware eine Haut bildet oder sie wasserdicht gemacht wird, sie soll tatsächlich gerade ausreichend sein, um jede einzelne Faser der Oberfläche des Tuches mit einem feinen mikroskopischen Häutchen zu überziehen und so mechanisch den erzeugten Glanz zu fixieren.

Die Folge hiervon ist, daß Feuchtigkeit die Ware wohl aufquellen lassen wird, jedoch nicht die Fasern aus ihrer Lage, die sie durch das Schreinern erhalten haben, bringen wird, wodurch das Aussehen der Ware unverändert bleibt. Die besten und vollkommensten Ergebnisse werden mit mercerisierten Baumwollenstücken erhalten, die mit schwarzen Anilinfarben gefärbt worden sind. Um die volle Tiefe des Schwarz zu bewahren, kann die Lösung mit einem geeigneten in dem verwendeten Lösungsmittel löslichen Farbstoff gefärbt werden.

Patentansprüche: 1. Verfahren, einen mechanisch hervorgebrachten seidenartigen Glanz auf Geweben haltbar zu machen, dadurch gekennzeichnet, daß die Gewebe mit einer sehr verdünnten Lösung von Zellulosenitrat in Amylazetat behandelt werden.

2. Verfahren nach Anspruch 1, auf gefärbte Stücke in Anwendung gebracht, dadurch gekennzeichnet, daß die volle Tiefe der

Farbe dadurch gewahrt wird, daß man die Lösung mit einem geeigneten, in Amylazetat löslichen Farbstoff färbt.

In einem weiteren Patent der gleichen Firma in Verbindung mit Dr. Paul Krais in Ilkley, D. R.P. Nr. 212 695 vom 25. II. 1905 wird ausgeführt:

Um Webstoffe glänzend zu machen, pflegt man das fertige Gewebe nach dem Schreiner'schen Verfahren mit Riffelwalzen zu behandeln. Der dadurch erzeugte Glanz ist indessen nur flüchtig, d. h. er schwindet leicht und bald wieder, wenn die Ware feuchter Luft ausgesetzt ist, z. B. durch Regen naß wird, und auch beim Bügeln. Man hat nun bereits verschiedene Vorschläge gemacht, um den durch dieses Verfahren erzeugten Glanz auf dem Gewebe zu fixieren; man kann jedoch nicht sagen, daß ein durchschlagender Erfolg damit erreicht worden ist. Die besten Resultate ergibt dabei noch das Verfahren, bei welchem das zwischen den Riffelwalzen bearbeitete Gewebe mit einer Lösung von Nitrozellulose in Ätheralkohol nachbehandelt wird.

Durch Versuche hat sich ergeben, daß der Grund für den Mißerfolg hier lediglich in der Art des Lösungsmittels der Zellulose liegt. Bei Ätheralkohol erzeugt die in den Geweben immer in mehr oder weniger hohem Betrage enthaltene Feuchtigkeit eine Trübung in der Nitrozellulose, so daß der Überzug auf dem Gewebe opak anstatt transparent aussieht und damit das Ansehen des Webstoffes verändert wird. Auch sind diese Lösungsmittel leicht entzündbar und explosiv, wenn sich ihre Dämpfe mit Luft mischen, und stellen daher eine Gefahr für die Fabrikation dar.

Durch zahlreiche in dieser Richtung angestellte Versuche mit allen nur erdenkbaren Lösungsmitteln für Nitrozellulose hat sich ergeben, daß man über ein solches Mittel verfügt, welches keine der vorstehend aufgezählten unangenehmen Eigenschaften besitzt. Dieses Lösungsmittel ist Amylformiat (der Ameisensäureäther des Isoamylalkohols); seine Verwendung ist frei von jeder Gefahr, weder macht es die Nitrozellulose opak noch ist es zu flüchtig, hat vielmehr einen vergleichsweise hohen, doch nicht zu hohen Siedepunkt (nämlich 124° C). Auch ist die Lösung sehr flüssig und man kann daher damit äußerst feine Films oder Überzüge auf den Fasern des Gewebes erzeugen, was von hoher Bedeutung ist. In den meisten Fällen ist eine 5 prozentige Lösung mit vollem Erfolg verwendbar, und das Aufbringen dieser Flüssigkeit auf das

Gewebe kann nach irgend einer der bekannten Methoden, z. B. mittels einer Zerstäubungsvorrichtung, erfolgen. Von besonderem Vorteil ist es, die Flüssigkeit zweimal nacheinander aufzuspritzen, natürlich das zweite Mal erst, nachdem das Lösungsmittel der ersten Auftragung vollständig verdampft ist. Wichtig ist es dabei, daß der Überzug auf dem Gewebe nicht eine vollständige Haut bildet oder das Gewebe gar wasserdicht macht, es genügt für den Zweck, wenn nur so viel der Flüssigkeit aufgebracht wird, daß dadurch der mechanisch erzeugte Glanz fixiert wird.

Patentanspruch: Verfahren, einen mechanisch hervorgebrachten Glanz auf Geweben durch Überziehen mit Nitrozelluloselösung haltbar zu machen, dadurch gekennzeichnet, daß als Lösungsmittel für die Nitrozellulose Amylformiat verwendet wird.

Nach dem zweiten Verfahren, bei dem Nitrozellulose in Amylformiat gelöst auf das vorkalanderte Gewebe aufgetragen wird, wurde der Permanentfinish in England und Deutschland einige Jahre lang hergestellt.

Das Verfahren hatte nur den Nachteil, daß sich die Herstellungsmethode sehr teuer stellt und auch, daß die Ware auf Lager einen ziemlich unangenehmen Geruch erhielt.

Die nachstehenden Patente erstrecken sich wohl auch auf dasselbe Gebiet, sind aber für den Permanent-Finish selbst bis jetzt von keiner wesentlichen Bedeutung.

Dagegen sei daran erinnert, daß die Patente von Dr. L. Lilienfeld zur Entstehung einer speziellen Tapetenindustrie geführt haben; die im Handel befindlichen „Metaxin-Tapeten" sind nach diesen Patenten hergestellt.

Verfahren zur Erzeugung von seidenähnlichen glänzenden Effekten auf Gewebe, Papier u. dgl.

D.R.P. Nr. 175 664 vom 26. VI. 1903

von Dr. Leon Lilienfeld, Wien.

Patentanspruch: Verfahren zur Erzeugung von seidenähnlichen glänzenden Effekten auf Gewebe, Papier u. dgl. dadurch gekennzeichnet, daß man das Material mit einer gefärbten oder ungefärbten Lösung von Zellulose oder Zellulosederivaten, z. B. Nitrozellulose (Zellulosenitraten), Zelluloid, Viskose, Zelluloseazetaten usw., in Mischung mit fein gepulvertem, gefärbtem oder ungefärbtem Glimmer bedruckt oder ganz überzieht und in bekannter Weise fertigmacht.

Verfahren zur Herstellung von Pigmentdrucken und Pigmentüberzügen.

D.R.P. Nr. 182 773 vom 10. III. 1904
von Dr. Leon Lilienfeld, Wien.

Patentanspruch: Verfahren zur Herstellung von Pigmentdrucken und Pigmentüberzügen, gekennzeichnet durch Anwendung von Gemischen von Zellulosenitraten (Nitrozellulosen) oder Zelluloseazetaten (Azetylzellulosen) mit Gelatine (Leim) als Pigmentträger.

Verfahren zur Erzeugung von seidenähnlichen glänzenden Effekten auf Gewebe, Papier o. dgl.

D.R.P. Nr. 195 315 vom 17. X. 1905
von Dr. Leon Lilienfeld, Wien.

Patentanspruch: Abänderung des Verfahrens zur Erzeugung von seidenähnlichen glänzenden Effekten auf Gewebe, Papier u. dgl. gemäß Patent Nr. 175 664, dadurch gekennzeichnet, daß man die Unterlagen mit Fetten, freien Fettsäuren, Harzen, Wachsen, Estern höherer Alkohole, kurz mit wachs-, fett- oder harzartigen Substanzen oder ihren Derivaten (Estern, Salzen usw.) für sich oder in Gemischen untereinander oder mit anderen Fixier- bzw. Appreturmitteln, Farbstoffen oder Pigmenten vorbehandelt.

Verfahren zur Erzeugung von seidenähnlichen glänzenden Effekten auf Gewebe, Papier o. dgl.

D.R.P. Nr. 185 456 vom 22. VII. 1906
von Dr. Leon Lilienfeld, Wien.

Patentanspruch: Abänderung des Verfahrens gemäß Patent Nr. 175 664, dadurch gekennzeichnet, daß man an Stelle der dort verwendeten Viskose ihre Verbindungen mit den Metallen der Magnesiumgruppe, insbesondere Zink, verwendet.

Verfahren zur Erzeugung eines dampf- und wasserechten Seidenglanzes.

D.R.P. Nr. 198 480 vom 14. VI. 1904.
von J. P. Bemberg, Aktiengesellschaft, Barmen-R.

Patentanspruch: Verfahren zur Erzeugung eines dampf- und wasserechten Seidenglanzes, dadurch gekennzeichnet, daß das Gewebe zunächst mit gewöhnlichem Preßglanz versehen, darauf über die ganze Fläche oder stellenweise mit groben oder mikroskopisch feinen Mustern (z. B. Linien oder Punkten) aus wasserfester farbloser oder gefärbter Masse bedruckt und schließlich gedämpft wird.

Verfahren, den durch Gaufrage erzeugten Seidenglanz auf Geweben durch Behandeln mit Nitrozelluloselösungen gegen schädigende Feuchtigkeitseinflüsse zu schützen.

D.R.P. Nr. 222 777 vom 28. VII. 1909
von Dr. Emil Müller, Berlin.

Patentanspruch: Verfahren, den durch Gaufrage erzeugten Seidenglanz auf Geweben durch Behandeln mit Nitrozelluloselösungen gegen schädigende Feuchtigkeitseinflüsse zu schützen, dadurch gekennzeichnet, daß als Lösungsmittel für Nitrozellulose oder Zelluloid Epi- oder Dichlorhydrin verwendet wird.

Verfahren zum Überziehen oder Bedrucken geeigneter Unterlagen mit Viskose für sich oder im emisch mit Farbstoffen oder Pigmenten aller Art.

D.R.P. Nr. 231 643 vom 14. VI. 1910
von Dr. Leon Lilienfeld, Wien.

Patentansprüche: 1. Verfahren zum Überziehen oder Bedrucken geeigneter Unterlagen mit Viskose für sich oder in Gemisch mit Farbstoffen oder Pigmenten aller Art, dadurch gekennzeichnet, daß man die bekannten Verbindungen der Viskose mit den Metallen der Magnesiumgruppe (z. B. die Zinkverbindung) unter Zuhilfenahme von ungefähr so viel Alkali in Lösung bringt, als zum Ersatz des in der Viskoseverbindung enthaltenen Metalles der Magnesiumgruppe durch das Alkalimetall notwendig ist.

2. Ausführungsform des Verfahrens nach Anspruch 1, dadurch gekennzeichnet, daß man den nach Anspruch 1 erzielten Auftrags- bzw. Überzugsmassen wasserunlösliche Seifen oder Sulfoölsäuren oder Sulfofettsäuren bzw. deren Natrium- oder Ammoniumsalze in solchen Mengen zusetzt, welche nicht kleiner sind, als $^1/_5$ des Zellulosegehaltes auf lufttrockene Zellulose gerechnet.

3. Patente, die sich auf das Auftragen von Albumin zur Herstellung des Permanent-Finish beziehen.

Verfahren zur Erzeugung bügelechter oder gegen Feuchtigkeit unempfindlicher Gaufrage-Effekte auf Garnen, Geweben o. dgl. mittels Eiweißstoffen.

D.R.P. Nr. 206 901 vom 4. V. 1907
von Dr. E. A. Franz Düring in Berlin.

Die in üblicher Weise durch Gaufrage auf Geweben erzeugten Effekte, wie z. B. Seidenfinish, Kreppfinish, Ripsfinish, Moiré

u. dgl., zeigen den großen Übelstand, daß sie gegen Feuchtigkeit sehr empfindlich sind und z. B. beim feuchten Abbügeln ganz oder doch zum größten Teil verschwinden. Ebenso werden Gaufragen und Glanz durch auf die Ware gesprengte Tropfen an den betreffenden Stellen zerstört.

Es sind nun bereits mehrere Verfahren bekannt, die alle das Ziel erstreben, den durch Einpressen mikroskopisch feiner Rillen erzeugten Seidenfinish „bügelecht" zu machen, während sie sich für die Fixierung gröberer bzw. tieferer Gaufragen nicht eignen. Der Grund ist leicht erklärlich. Nach den betreffenden Verfahren sucht man das Ziel nämlich in der Weise zu erreichen, daß das bereits gefinishte (auf dem Seiden-Finish-Kalander behandelte) Gewebe mit einer Schicht überzogen wird, die das Eindringen von Feuchtigkeit verhindern soll. Es findet also gewissermaßen ein „Ausgießen" der auf dem Gewebe durch Pressung erzeugten Vertiefungen statt. Bei dem Seidenfinish mit seinen so überaus feinen, nur unter der Lupe wahrnehmbaren Rillen mag ein solches „Ausgießen" mittels einer Fett- oder Nitrozelluloselösung noch angehen, da geringe Mengen der letzteren ausreichen. Allerdings zeigen sich auch schon hier die Nachteile dieser Verfahren: das Gewebe wird verklebt, verschmiert, es nimmt (bei Anwendung von Paraffin oder dgl.) ein unangenehm fettiges bzw. (bei Anwendung von Nitrozellulose) ein glasiges Gefühl an, zumeist verbunden mit einem durchdringenden Geruch von dem Lösungsmittel (wie z. B. Fuselöl). Bei gröberen bzw. tieferen Pressungen, wie z. B. ausgeprägten Moirés (Wässerungen), steigern sich diese Übelstände, da zum „Ausgießen" der Vertiefungen erheblich größere Mengen erforderlich sind, in dem Maße, daß eine praktische Verwendung so behandelter Gewebe ausgeschlossen ist.

Daß die Anwendung der erwähnten Substanzen in Lösungen von Benzin, Alkohol o. dgl. der Feuergefährlichkeit wegen ernste Bedenken erregt, sei nur nebenher erwähnt.

Die mit Fettlösungen zu erzielenden Ergebnisse bezüglich „Bügelechtheit" erscheinen im Hinblick auf den niedrigen Schmelzpunkt der Fette überdies sehr problematisch.

Man hat ferner versucht, das gewünschte Ziel in der Weise zu erreichen, daß man das Gewebe mit einer Albuminlösung getränkt und alsdann gleichzeitig gaufriert und getrocknet, d. h. also mit heißer Walze kalandert hat. Hierbei wird das im Gewebe vorhandene Albumin durch die Einwirkung der Hitze koaguliert und bildet auf beiden Seiten des Gewebes eine in Wasser unlösliche Schicht, so daß das gaufrierte Gewebe benetzt werden kann, ohne seine Gaufrierung zu verlieren.

Dieses Verfahren ist jedoch ebenfalls mit großen Übelständen verbunden und zeigt besonders die Schwierigkeit, daß die heißen Kalanderwalzen durch die Eiweißstoffe in wenigen Minuten völlig verschmiert und somit zum weiteren Arbeiten untauglich gemacht werden. Ferner bleibt das Gewebe an der Kalanderwalze so stark kleben, daß man es geradezu herunterreißen muß, was natürlich von sehr ungünstigem Einfluß sowohl auf die Prägung als auch auf die Haltbarkeit der Ware ist.

Die vorliegende Erfindung hat nun ein Verfahren zum Gegenstande, mit dessen Hilfe es gelingt, alle diese geschilderten Übelstände zu vermeiden und doch bügelechte und gegen Feuchtigkeit unempfindliche Gaufrage-Effekte auf Garnen oder Geweben zu erzielen.

Das Verfahren besteht im wesentlichen darin, daß das Arbeitsgut mit einer Eiweißlösung, beispielsweise einer Albumin- oder Kaseinlösung oder einer ähnlich wirkenden Mischung oder Lösung getränkt, dann aber nicht gleichzeitig gaufriert und getrocknet, sondern vielmehr erst mit kalter oder mäßig erwärmter Gaufrierwalze kalandert wird, so daß vorerst keine Gerinnung der Flüssigkeit herbeigeführt wird. Dann erst wird das Arbeitsgut in geeigneter Weise einer so starken trockenen Hitze und einem darauf folgenden Dämpfen mit oder ohne Druck ausgesetzt, daß das Eiweiß oder die andere verwendete Imprägnierflüssigkeit gerinnt, um einen beiderseitigen unlöslichen Überzug über dem Garn oder Gewebe zu bilden.

Die Vorzüge dieses Verfahrens gegenüber den bekannten Verfahren springen ins Auge.

Einmal findet hier kein „Ausgießen" der Vertiefungen, kein Verschmieren des Gewebes mit den geschilderten üblen Begleitwirkungen statt und ebensowenig ein Verschmieren der Kalanderwalzen, das, wie ausgeführt, ein praktisches Arbeiten unmöglich macht. Vielmehr bildet das schon vorher im Gewebe befindliche und erst nach der Erzeugung der Rillen oder sonstigen Preßformen fixierte Imprägnierungsmittel einen den „Höhen" und „Tiefen" auf der Oberfläche des Gewebes genau folgenden unlöslichen, geruchlosen Überzug, so daß also die Gaufragen völlig scharf und plastisch hervortreten.

Weiterhin aber übertrifft das Verfahren die anderen Verfahren in bezug auf Einfachheit der Ausführung sowie auf Billigkeit so sehr, daß es erst mit Hilfe des vorliegenden Verfahrens möglich ist, Ware mit Gaufragen jeder Art und technisch einwandfreier bügelechter Ausrüstung im Großen ohne erhebliche Verteuerung auf den Markt zu bringen.

Es ist klar daß der Fachmann bei dem vorstehenden Verfahren einige Abänderungen und Zusätze treffen kann. So kann beispielsweise das Arbeitsgut in irgendwelcher Weise vorbehandelt werden ebenso wie die Härte der Überzugsschicht durch geeignete Zusätze zu der Imprägnierungsflotte z. B. Öl und dgl., oder durch eine Nachbehandlung (z. B. Dämpfen, Passieren durch ein heißes Bad o. dgl.) gemildert werden kann.

Auch kann man selbstverständlich bei gewissen Farben und um eventuell neue Effekte zu erzielen, die zur Imprägnierung dienende Substanz entsprechend anfärben oder durch besondere Auswahl der zu verwendenden Eiweißstoffe noch besondere Wirkungen erzielen. Wesentlich bei dem vorliegenden Verfahren ist, daß die Gerinnung der Imprägnierungssubstanz nicht gleichzeitig mit dem Kalandern, sondern erst nach dem Kalandern erfolgt.

Patentanspruch: Verfahren zur Erzeugung bügelechter oder gegen Feuchtigkeit unempfindlicher Gaufrage-Effekte auf Garnen, Geweben o. dgl. mittels Eiweißstoffen, dadurch gekennzeichnet, daß das Arbeitsgut nach der Tränkung mit der zu koagulierenden Substanz mit kalter oder mäßig erwärmter, eine Gerinnung nicht herbeiführender Gaufrierwalze kalandert und dann erst in geeigneter Weise einer so starken Hitze ausgesetzt wird, daß das Eiweiß o. dgl. gerinnt und einen beiderseitigen unlöslichen Überzug über dem Arbeitsgut bildet.

Verfahren zur Erzeugung bügelechter oder gegen Feuchtigkeit unempfindlicher Gaufrage-Effekte auf Garnen, Geweben o. dgl. mittels Eiweißstoffen.

D.R.P. Nr. 217 679 vom 22. III. 1908
von Dr. E. A. Franz Düring in Berlin.

Den Gegenstand der vorliegenden Erfindung bildet eine Ausführungsform des Verfahrens nach Patent Nr. 206 901, bei dem bügelechte und gegen Feuchtigkeit unempfindliche Gaufrage-

Effekte auf Garnen, Geweben o. dgl. mittels Eiweißstoffen erzielt werden.

Wie sich bei der praktischen Ausführung des Verfahrens des Hauptpatentes herausgestellt hat, können ähnliche Effekte dadurch erreicht werden, daß das Arbeitsgut nach der Tränkung mit der zu koagulierenden Substanz vor dem Kalandern angetrocknet wird. Es muß aber auch hier darauf gesehen werden, daß bei dem Antrocknen eine Temperatur gewählt wird, die unter der Gerinnungstemperatur des Eiweißstoffes liegt, mit dem das Gut getränkt worden ist. Die eigentliche Koagulierung wird dann erst mit der heißen Kalanderwalze herbeigeführt, wobei unmittelbar daran anschließend die Koagulierung durch andere bekannte Mittel wie Dämpfen, oder durch chemische Mittel, z. B. Formaldehyd in flüssiger oder gasförmiger Form, unterstützt werden kann. Auch kann die durch Hitze oder durch Dämpfung bewirkte Koagulierung der Eiweißstoffe durch solche Mittel befördert werden, so daß sowohl Hitze, Dämpfung als auch chemische Mittel zusammen in Anwendung kommen können.

Die Behandlung der mit den Effekten auszustattenden Garne, Gewebe o. dgl. kann einseitig oder beiderseitig erfolgen. Ebenso wie ein beiderseitiger unlöslicher Überzug erreicht werden kann, ist es auch möglich, beispielsweise durch Druckmaschinen, einen einseitigen Überzug zu bilden.

Auch hier können der Imprägnierungsflotte Zusätze geeigneter Art gegeben werden, um z. B. die Härte der Überzugsschicht zu mildern, ebenso wie die Ware eine Nachbehandlung zu diesen oder anderen bekannten Zwecken erhalten kann.

Ferner lassen sich zur Modifizierung der Effekte auch Farben verwenden, die unter Umständen auch der Imprägnierungsflotte direkt zugesetzt werden können.

Durch die vorstehend beschriebene Abänderung des Verfahrens des Hauptpatentes wird ein Übelstand beseitigt, der bei dem feuchten Kalandern bei Waren leichter Qualität bestand, die mehr Feuchtigkeit aus der Imprägnierungsflotte aufnehmen als die Waren dichterer Qualität. Es wird nämlich durch das vorherige Antrocknen dieser Waren vermieden, daß beim Kalandern ein Verkleben der Walze eintritt. Es wird ferner nach dem wie vorstehend geänderten Verfahren eine weichere Ware erzielt.

Von dem Verfahren des Hauptpatentes Nr. 206 901 unterscheidet sich das vorstehende Verfahren vorteilhaft dadurch, daß sich Gravuren von der größten Feinheit, wie sie die Graviertechnik überhaupt nur herzustellen vermag, verwenden lassen, und zwar mit demselben bleibenden Effekt. Das vorherige Antrocknen bei einer die Gerinnungstemperatur des Eiweißstoffes nicht erreichenden Hitze läßt demnach die Benutzung aller überhaupt vorkommenden Gravuren bis zur größten Feinheit zu, was besonders für den sogenannten Seidenfinish eine große Rolle spielt.

Die weitere Abänderung des Verfahrens, die darin besteht, die Ware nur mit einem einseitigen, unlöslichen Überzug zu versehen, hat beispielsweise dort Bedeutung, wo es sich um eine Ware handelt, die auf der linken Seite gerauht ist und die durch Vermeidung des Verklebens der durcheinanderliegenden Fasern nur auf der rechten Seite behandelt werden darf.

Auch wird bei dichter, nicht gerauhter Ware durch den nur einseitigen Überzug verhindert, daß der Griff zu hart wird.

Patentanspruch: Ausführungsform des Verfahrens nach Patent Nr. 206901 zur Erzeugung bügelechter oder gegen Feuchtigkeit unempfindlicher Gaufrage-Effekte auf Garnen, Geweben oder dergl. mittels Eiweißstoffen, dadurch gekennzeichnet, daß das Arbeitsgut nach der Tränkung mit der zu koagulierenden Substanz bei einer Temperatur, bei der keine Koagulierung stattfindet, angetrocknet und dann erst durch die heiße Kalanderwalze, gegebenenfalls unter darauffolgender Einwirkung heißer Dämpfe oder koagulierend wirkender chemischer Mittel zum Gerinnen gebracht wird.

Verfahren zur Erzeugung bügelechter oder gegen Feuchtigkeit unempfindlicher Gaufrage-Effekte auf Garnen, Geweben o. dgl. mittels Eiweißstoffen.

D.R.P. Nr. 218 566 vom 30. IV. 1908
von Dr. E. A. Franz Düring in Berlin.

Patentanspruch: Ausführungsform des Verfahrens des Hauptpatentes Nr. 206 901 zur Erzeugung bügelechter oder gegen Feuchtigkeit unempfindlicher Effekte auf Garnen, Gewebe oder dergl. mittels Eiweißstoffen, dadurch gekennzeichnet, daß das Arbeitsgut mit einer Lösung von Aluminium, Kasein oder einem ähnlichen Mittel genetzt, bei möglichst niedriger Temperatur getrocknet und dann erst die Gerinnung des Eiweißes durch heißes Kalandern mit gewöhnlichen glatten Walzen oder durch Pressen, gegebenenfalls unter darauffolgender Einwirkung heißer Dämpfe oder koagulierend wirkender chemischer Mittel herbeigeführt wird.

Die Verfahren zum Auftragen von Albumin werden von der Firma Otto Budde & Co., Barmen, als Patentinhaberin ausgeübt. Es wird mittels Albumin wohl nicht die gleichglänzende Appretur wie mittels Nitrozellulose und der sonstigen Mittel erzielt, aber in vielen Fällen ist diese etwas mattere Appretur ebenfalls erwünscht.

Zu berücksichtigen ist bei den Patenten, daß nur das Behandeln mit Albumin bzw. mit sonstigen koagulierenden Substanzen bei nachherigem Trocknen oder Kalandern bei niedrigerer Temperatur unter Patentschutz steht, während wenn das Trocknen und Kalandern in normaler Weise vorgenommen wird, die Patente nicht hindernd wirken.

4. Patente, die sich auf den neueren Permanentfinish (Adler-Finish, Radium-Finish etc.) beziehen.

Verfahren zur Erzeugung eines wasser- und seifenbeständigen Seidenglanzes auf Geweben aus Baumwolle.

D.R.P. Nr. 220 349 vom 2. V. 1907
von Carl Rumpf, Elberfeld.

Bekannt ist, daß man allgemein bestrebt war, Geweben aus Baumwolle, deren stumpfes, unansehnliches Äußere ihre sonstigen brauchbaren Eigenschaften für viele Verwendungszwecke nicht zur Geltung kommen ließ, durch verschiedene Behandlungen einen bestimmten Glanz zu verleihen. Gewöhnlich geschah dies u. a. durch Mercerisieren oder durch Behandlung der angefeuchteten Ware durch warmes Kalandrieren mit Friktion. So wird z. B. angegeben (Dépierre), daß man durch Kalandern unter starkem Druck mittels einer geheizten Metallwalze, deren Wärme die Ware trocknet, einen besseren Glanz erzielen kann. Dieser Glanz ist nun aber weder wasser- noch seifenbeständig. Man hat daher auch versucht, den Glanz zu fixieren. So ist z. B. (von Sharp, brit. Patent Nr. 16746, A.D. 1897 und Nr. 25 730, A.D. 1899) empfohlen, die Baumwolle mit einer gleichmäßig feuchten oder gedämpften Leinwand zu bedecken und mit derselben der Einwirkung von Wärme und starkem

Druck in einer Presse oder in einem Kalander auszusetzen, wobei durch die Höhe des Druckes die Höhe des Glanzes bedingt ist. Indes auch durch dieses Verfahren ist nur ein geringer Glanz, welcher noch dazu wenig beständig ist, zu erzielen.

Gegenstand vorliegender Erfindung ist nun ein Verfahren, nach welchem ein sehr hoher und wirklich wasser- und seifenbeständiger Seidenglanz auf Geweben aus Baumwolle dadurch erzielt wird, daß die bereits mit Hochglanz versehene Ware einer sehr starken Erhitzung ausgesetzt wird.

Bei diesem neuen Verfahren wird die Ware (Baumwollstückware, Baumwollplüsch und Samt) zunächst in der bekannten Weise einer Vorbehandlung unterzogen. Diese besteht darin, daß die Ware stark befeuchtet und darauf mittels heißen Kalanderns oder Pressens ein Hochglanz (Speckglanz, Spiegelglanz) erzeugt wird. Der so erzielte Spiegelglanz wird dann dadurch, daß man die Ware in gestrecktem Zustande einer hochgradigen Erhitzung aussetzt, indem man sie z. B. längere Zeit durch einen heißen Kalander laufen läßt, oder indem man sie über Gasflammen führt oder öfter eine stark erhitzte Trommel passieren läßt, bzw. auf dieselbe aufwickelt, zum größten Teil fixiert. Hierauf wird die Ware abgezogen, d. h. mit Wasser, Seifenlösung, feuchtem Dampf oder einer anderen Lösung behandelt, wodurch bekanntlich der Speckglanz verschwindet und ein reiner und gleichmäßiger Seidenglanz verbleibt, welcher alsdann wasser- und seifenbeständig ist.

Die Höhe des erzielten Seidenglanzes hängt ab zunächst von der Höhe des Glanzes, welchen die Ware in der Vorbehandlung erhalten hat. Die Stärke der Fixierung jedoch hängt insbesondere von der Höhe der Temperatur während der Heißbehandlung ab. Je höher die Temperatur, desto intensiver ist auch die Fixierung des Glanzes. Man wird daher die Erwärmung so weit treiben, als die Baumwolle ohne Schädigung irgend erträgt.

Selbstverständlich kann das beschriebene Verfahren auch in mehrfacher Wiederholung nacheinander angewendet werden, und wird dadurch der Effekt noch entsprechend verstärkt.

Natürlich kann man nach diesem neuen Verfahren auch mercerisierte Baumwolle behandeln, doch ist die Mercerisierung keineswegs erforderlich. Dagegen empfiehlt es sich, die Ware nach der Feuchtbehandlung in gestrecktem Zustande zu trocknen.

Patentanspruch: Verfahren zur Erzeugung eines wasser- und seifenbeständigen Seidenglanzes auf Geweben aus Baumwolle, dadurch gekennzeichnet, daß das Gewebe mit einem starken Hochglanz versehen, sodann zwecks möglichster Fixierung dieses Glanzes in gestrecktem Zustande einer hochgradigen Erhitzung ausgesetzt und schließlich von dem nicht fixierten Hochglanze befreit wird.

Die Patente von Rumpf (s. auch S. 170 u. ff.) sind auf die Firma H. Eb. Achenbach in Barmen übergegangen.

Über die Tragweite der Rumpf'schen Patente gehen die Ansichten weit auseinander, da die Patentbesitzer die Ansicht vertreten, daß die Herstellung des Permanent-Finish durch Anwendung starker Hitze in ihre Domäne fällt, während dies von anderer Seite bestritten wird.

Da das zunächst folgende Patent sich nur auf die Anwendung von Appreturklebemitteln bezieht und das auf Seite 172 besprochene Zusatzpatent in Deutschland versagt wurde, so ist nur das oben beschriebene Patent Nr. 220 349 zu berücksichtigen.

Nach diesem ist ein Verfahren zur Herstellung von Permanent-Finish geschützt, das darin besteht, daß das Gewebe erst mit Hochglanz versehen, dann in gestrecktem Zustande einer hochgradigen Erhitzung ausgesetzt und schließlich vom Hochglanz befreit wird.

Es ist nach der Beschreibung und nach dem Patentanspruch fraglos, daß hier von einem sogenannten Pionierpatent, welchem eine allgemeine Bedeutung zukommen würde, nicht die Rede sein kann. Es ist hier nicht, wie einzelne annehmen wollen, jedes Fixieren des Glanzes mittels hochgradiger Hitze patentiert, sondern nur die Erzeugung des Permanent-Finish in der vom Patentnehmer beschriebenen Weise.

Bedingung dabei ist:

a) daß stark befeuchtetes Gewebe erst einen Kalander oder eine Presse passiert zur Herstellung von Hochglanz,

b) daß dieses Gewebe dann hochgradig erhitzt wird, eventuell durch mehrere Passagen im heißen Kalander,

c) daß die Ware nachher mit Wasser, Dampf usw. vom Speckglanz befreit wird.

Jede andere Herstellungsweise des Permanentfinish wird selbstverständlich durch das Rumpf'sche Patent nicht berührt.

Ein weiteres Zusatzpatent von Rumpf ist folgendes:

Verfahren zur Erzeugung eines wasser- und seifenbeständigen Seidenglanzes auf Geweben aus Baumwolle.

D.R.P. Nr. 22 188 vom 10. XII. 1907
von Carl Rumpf, Elberfeld.

Durch das Hauptpatent Nr. 220 349 ist ein Verfahren geschützt, nach welchem durch hochgradige Erhitzung ein auf der Baumwolle vorher erzeugter Hochglanz zum größten Teil derart fixiert wird, daß nach dem Waschen mit Wasser oder Seife ein weicher Seidenglanz verbleibt, welcher gegen Wasser Seifenlösung und sogar verdünnte Säuren widerstandsfähig ist. Bei diesem Verfahren kam man also von einem höheren, nicht absolut beständigen Glanz auf einen etwas niedrigeren aber beständigen Glanz zurück. In dem Hauptpatent ist auch bereits gesagt, daß die Fixierung des Glanzes sowohl im losen als auch im gestreckten Zustand des Gewebes vorgenommen werden kann. Allerdings ist bereits damals vom Erfinder erkannt, daß die Wirkung bei der Behandlung in gestrecktem Zustand eine bessere ist.

Weitere Versuche haben nun gezeigt, daß es von besonderer Wichtigkeit sein kann, wenn man durch irgendwelche Maßnahmen dafür sorgt, daß sämtliche Fasern festgelegt bzw. gestreckt werden. Wenn man geglänzte Baumwollgewebe einer starken Erhitzung aussetzt, dann geht ein Teil des Glanzes durch Verschieben der Fäden bzw. Fasern direkt weg, so daß also dieser Glanz für die Fixierung durch die Hitze schon von vornherein verloren ist.

Wenn man nun diese Verschiebung der Fäden bzw. Fasern dadurch verhindert, daß man die Baumwollgewebe mit irgend einem Appreturklebemittel behandelt, so verhindert man auch zugleich damit die erwähnte erste Wirkung der Hitze und erhält mithin direkt einen wesentlich höheren Glanz als ohne die Anwendung solcher Mittel möglich ist. Man kann die Appreturmasse sowohl vor als auch nach der ersten Glanzerzeugung auftragen.

Die Appreturklebemittel halten die Fasern, welche durch die Hitze bestrebt sind, sich auszudehnen und ihre Lage zu verändern, in der ursprünglichen Lage fest, und auf diese Weise kommt die Einwirkung der Hitze auf die dergestalt vollständig glatt und gestreckt gehaltenen Fasern zur Geltung, ohne daß ein Verlust an Glanz eintreten kann.

Berücksichtigt man die oben dargelegten Tatsachen, so kann man, wie ohne weiteres begreiflich wird, noch einen Schritt weitergehen. Das oben beschriebene Verfahren gibt also die Möglichkeit, jeden bestimmten, beliebigen Glanz wasser- und seifenecht zu fixieren. Man braucht also nichte rst vorher einen höheren Glanz zu erzeugen als man fixieren will. Denn der Rückgang, der durch das Waschen mit Wasser oder Seife bei der durch Hitze behandelten Baumwolle entsteht, ist ein Minimum, welches praktisch vollständig außer Betracht bleiben kann.

Nach dem Verfahren der vorliegenden Erfindung wird also das Baumwollgewebe entweder zuerst mit irgendeinem bestimmten gewünschten Glanz versehen und darauf appretiert, oder auch umgekehrt erst appretiert und darauf mit dem gewünschten Glanz versehen. Hierauf wird das so behandelte Baumwollgewebe im losen oder gestreckten Zustand einer hochgradigen Erhitzung ausgesetzt, wodurch der Glanz vollständig fixiert wird. Nach dem darauf folgenden Waschen mit Wasser oder Seife findet ein merklicher Rückgang des so fixierten Glanzes nicht mehr statt. Aus diesen Ausführungen geht endlich auch hervor, daß die Höhe des fixierten Glanzes an keine Grenzen mehr gebunden ist, da man auf dem Baumwollgewebe jeden beliebigen Hochglanz erzeugen und nach dem beschriebenen Verfahren auch fixieren kann.

Das vorstehend beschriebene Verfahren ist in gleicher Weise auch auf Baumwollgarne anwendbar, da sich die Baumwollfaser bei denselben naturgemäß stets gleichartig verhalten muß, gleichgültig, ob die Garne verwebt oder unverwebt sind, denn es kommt nur darauf an, die durch die Behandlung herbeigeführte Faserlage im Garne zu einer dauerhaften zu machen.

P a t e n t a n s p r u c h: Verfahren zur Erzeugung eines wasser- und seifenbeständigen Seidenglanzes auf Geweben aus Baumwolle nach Patent Nr. 220 349, dadurch gekennzeichnet, daß das Baumwollgewebe, bevor es die zur Fixierung des Glanzes erforderliche hochgradige Erhitzung erfährt, mit einem Appreturklebemittel behandelt wird, welches entweder vor oder nach der Erzeugung des Hochglanzes aufgetragen wird.

Bei diesem Verfahren handelt es sich mehr um die gleichzeitige Benutzung eines Appreturklebemittels, es hat mit dem eigentlichen Permanent-Finish nicht viel zu tun. Die Mitbenützung von Appreturmitteln in dieser Weise ist bisher nicht zur Geltung gekommen.

Eine weitere Zusatzanmeldung von Rumpf ist folgende:

Verfahren zur Erzeugung eines wasser- und seifenbeständigen Seidenglanzes auf Geweben aus Baumwolle

D. A. Nr. 26 012 vom 10. III. 1908
von Carl Rumpf, Berlin.

Wie schon in der Patentanmeldung Nr. 25 210 (D.R.P. Nr. 220 349) ausgeführt ist, wird die Fixation des größten Teiles eines in bekannter Weise erzeugten Hochglanzes durch die Hitze bewirkt. Wie in der Zusatzanmeldung Nr. 25 542 (D.R.P. Nr. 222 188) ausgeführt ist, wird bei Anwendung von klebkräftigen Appreturmitteln, namentlich aufgeschlossener Stärke usw. noch ein größerer Teil des Glanzes durch die Hitze fixiert. Es hat sich nun gezeigt, daß man bei Anwendung großer Hitze in der Lage ist, den Glanz gleichzeitig zu erzeugen und zu fixieren. Zu einer derartigen Arbeitsweise sind jedoch Temperaturen von über 400° C und höher in der erhitzten Walze notwendig, und zwar kann man die Ware mit den angebenen Appreturmitteln versehen oder ohne dieselben in der erwähnten Weise behandeln.

Man arbeitet nun in der Art, daß man die Baumwollwaren einen Kalander passieren läßt, dessen Stahlwalze z. B. mittels Gas auf die angegebenen Temperaturen erhitzt ist. Hierauf wird die Ware in der bekannten Weise vom überschüssigen Glanz befreit, getrocknet und event. noch matt kalandriert. Gewebe, die aus scharf gedrehten Garnen hergestellt sind, geben die besten Resultate bei der Fixation durch die Hitze. Da man Glanz mittels Hitze fixieren kann, ist es natürlich auch möglich, den mittels Lüstriermaschinen auf Baumwollgarnen erzeugten Glanz in der Art zu fixieren, daß man die Baumwollgarne, während des Glanzerzeugens stark erhitzt oder dieselben nach der Erzeugung des Glanzes in einem hoch erhitzten Raume einige Zeit aufhängt und dann vom nicht fixierten Glanze befreit.

Patentanspruch: Verfahren zur Erzeugung eines wasser- und seifenbeständigen Seidenglanzes auf Geweben aus Baumwolle, nach Patentanmeldung Nr. 25 210 (Patent Nr. 220 349), dadurch gekennzeichnet, daß man Glanz erzeugt und gleichzeitig mittels hoher Hitze fixiert und den überschüssigen Glanz durch Wasser, Dampf, Seifenlösung usw. entfernt.

Das Patent wurde in Deutschland versagt.

Verfahren zur Herstellung haltbaren Seidenglanzes auf nicht florigen Geweben.

D.R.P. Nr. 235 701 vom 19. II. 1908
von Wilhelm Aderholdt, Köln a. Rh.

Gegenstand vorliegender Erfindung ist ein Verfahren zur Herstellung haltbaren Seidenglanzes auf Geweben mit Ausnahme von Florgeweben.

Der Seidenglanz, welchen Textilstoffe unter der Einwirkung von Gaufrierwerkzeugen z. B. beim Hindurchführen zwischen sogenannten Effektwalzen entsprechend dem Aussehen der Oberflächen der gravierten Walzen annehmen, geht unter der Einwirkung von Wärme und Feuchtigkeit alsbald wieder verloren. Je feiner und zarter die Gravur der Walzen beschaffen ist, desto eher tritt dabei der Glanzverlust ein. Die gründliche Beseitigung dieses großen Übelstandes ist der Zweck des nachstehend beschriebenen Verfahrens.

Man erkannte, daß die Textilfasern eines auf Seidenglanz zu behandelnden Gewebes auf bekannten Maschinen oder Apparaten einer vollständigen Durchnässung unterworfen werden müssen, so daß sie einen höchstmöglichen Grad von Geschmeidigkeit erlangen, der durch eine bloße Anfeuchtung nicht erreicht wird, und daß, wenn die so geschmeidig gemachten Gewebe einer Pressung zwischen Walzen unter Druck und Hitze und unter Einhaltung bestimmter unten angegebener Bedingungen unterworfen werden, die Pressung gegen Wärme und Feuchtigkeit außerordentlich widerstandsfähig wird.

Auf dieser Erkenntnis ist folgendes Ausführungsbeispiel aufgebaut:

Man durchnäßt die zu behandelnden Textilstoffe vollständig, so zwar, daß deren Fasern vollständig geschmeidig werden, wozu eine bloße Anfeuchtung nicht ausreicht. Diese Fasern, welche also den möglichst höchsten Grad der Geschmeidigkeit besitzen, werden sodann in dem nassen Zustande der Gaufrage unterworfen und dies nun unter Anwendung höchstgesteigerter Druck- und Hitzegrade. Die Anordnung zueinander und der Grad der Beheizung der Gaufrierwerkzeuge, als welche hier die sogenannten Effektwalzen angenommen werden, ist derartig, daß die Stoffe in überraschend kurzer Zeit — in einem Durchgang — völlig getrocknet werden, wobei sich jede, auch die feinste Prägung von den Walzen auf den Stoff überträgt. Der Effekt, welcher durch fast augenblickliches Trockenbrennen dem naß zwischen dieDruckwalzen eingeführten Stoff von den Werkzeugen verliehen wird, ist von hervorragender Festigkeit und bleibt gegenüber Beeinflussungen durch Wärme und Feuchtigkeit durchaus haltbar.

Patentanspruch: Verfahren zur Herstellung haltbaren Seidenglanzes auf nicht florigen Geweben, dadurch gekennzeichnet, daß zur Erzielung von Pressungen, die gegen Wärme und Feuchtig keit widerstandsfähig sind, die Gewebe in vollständig durchnäßtem Zustande zwischen Gaufrierungswerkzeuge gebracht und hier durch Druck und Hitze in einem Durchgang völlig getrocknet werden.

Gegen das Patent von Aderholdt sind nach Auslegung der Patentanmeldung eine große Anzahl Einsprüche eingelaufen, die dazu führen, daß das Patentamt die Wirkungsgrenze des Aderholdt'schen Patentes klar umschrieben hat.

Nachstehend seien die Ausführungen des Patentamtes wörtlich wiedergegeben, weil an Hand dieser dann das Patent selbst am besten beurteilt werden kann.

Beschluß des Kaiserl. Patentamtes vom 3. IV. 1911.

Auf die Anmeldung des Wilhelm Aderholdt in Köln a. Rh. hat das Patentamt nach gehörig geschehener Bekanntmachung und nach Prüfung der erhobenen Einsprüche die Erteilung eines am 19. Februar 1908 an laufenden Patentes unter der Bezeichnung: „Verfahren zur Herstellung haltbaren Seidenglanzes auf nicht florigen Geweben“ auf Grund der ausgelegten Unterlagen beschlossen.

Die obige Abänderung der Bezeichnung ist nachstehend begründet:

Die Einleitung der Beschreibung hat die in den Gründen erwähnte und aus der Anlage ersichtliche Fassung erhalten.

Gründe: Die erste Einsprechende, Firma Rübenkamp & Co, G. m. b. H. in Krefeld, beantragt die Versagung des Patentes, indem sie behauptet, daß das angemeldete Verfahren in ihrer Fabrik in Krefeld sowie in den Fabriken der Firma August Hentschel in Berlin und Cleff & Schmall in Krefeld offenkundig vorbenutzt sei. Zum Beweise dieser Behauptung sind eine Blaupause nebst Erläuterung und eine Rechnung über einen am 17. Juli 1904 gekauften Körting'schen Tabakanfeuchter eingereicht, auch ist ein Zeuge benannt worden.

Die zweite Einsprechende, Firma Gebr. Großmann in Brombach bei Lörrach in Baden stellt den Antrag, das Patent zu versagen, weil das angemeldete Verfahren durch die Werke „Depièrre, Die Appretur der Baumwollgewebe" Seite 216 und 208—209 und „Grothe, Technologie der Gespinstfasern" Band II, Seite 426 und 543, und durch die deutsche Patentschrift 182 937 (unter Hinweis auf die Kritik in der später veröffentlichten Zeitschrift „Österr. Wollen- und Leinen-Industrie" Heft 4 vom 16. Februar 1910) vorveröffentlicht und ferner durch die Patentanmeldung R 25 210, R 25 542 und R 26 012 VII/8b vorangemeldet sei. Weiter ist behauptet, daß schon früher allgemein Feuchtigkeit und hohe Temperaturen für Riffelpressungen angewendet wurden, um haltbaren Glanz zu erzielen, und daß der Anmeldungsgegenstand in der Fabrik der Einsprechenden und in der Fabrik Joh. Kleinewefers Söhne in Krefeld offenkundig vorbenutzt worden sei. Durch ein von der Einsprechenden eingereichtes Katalogblatt der Firma Joh. Kleinewefers Söhne soll die letztere Behauptung bewiesen werden. Außerdem wird erklärt, die Einsprechende habe das Verfahren gemäß der Patentschrift 182 937 in der angemeldeten Weise durchgeführt, wie durch Vorführung bewiesen werden könne. Schließlich ist von der Einsprechenden die Fassung des Patentanspruches bemängelt worden, weil das Wort „durchnäßt" nicht eindeutig sei und der wesentliche Ausdruck „höchstgesteigerter Hitzegrade" fehle und somit der Patentanspruch der Klarheit entbehre.

Die dritte Einsprechende, Firma Otto Budde & Co. in Barmen behauptet, der Anmeldungsgegenstand sei durch die Zeitschrift „Österr. Wollen- & Leinenindustrie' 1899, Seite 660 bis 661 vorveröffentlicht, auch allgemein offenkundig vorbenützt; vor dem Kalandrieren werde die Ware stets feucht gedämpft oder eingesprengt und dieses Einsprengen werde oft so stark gemacht, daß die Ware als vollständig durchnäßtes Gewebe anzusprechen sei.

Im vierten Einspruch des Patentantwalts Dominik in Offenbach a. M. wird behauptet, der Anmeldungsgegenstand sei durch die brit. Patentschrift 5498 vom Jahre 1907 vorveröffentlicht und es sei allgemein bekannt, angefeuchtete Gewebe durch Greiferwalzen zu bearbeiten. Ein Beweis für die letztere Behauptung ist nicht gegeben. Es wird ferner behauptet, der Anmeldungsgegenstand sei durch die Anmeldung R 25 210 VII/8b, durch welche Schutz für eine über das übliche Maß hinausgehende hochgradige Erhitzung begehrt ist, vorweggenommen. Das Wesen des Anmeldungsgegenstandes bestehe nämlich in der Verwendung hoher Hitzegrade, wie sich ohne weiteres daraus ergebe, daß die vorher vollständig durchnäßte Ware in einmaligem Durchgange durch die Gaufrierwerkzeuge getrocknet werden sollte. Schließlich wird dem Anmeldungsgegenstande ein patentbegründender gewerblicher Vorteil abgesprochen, weil das vorherige vollständige Durchnässen der Ware überflüssig sei; durch den hohen Druck der Gaufrierwerkzeuge werde der Überschuß an Feuchtigkeit vor dem eigentlichen Pressen schon weggepreßt und somit sei die Ware im Augenblick des Pressens und Erhitzens nur feucht, aber nicht mehr durchnäßt.

Im fünften Einspruch des Patentanwalts Dr. Franz Düring in Berlin endlich wird der Antrag auf Versagung des Patentes damit begründet, daß der Anmeldungsgegenstand durch die brit. Patentschriften 16 746 vom Jahre 1897, 25 703 vom Jahre 1899, 5498 vom Jahre 1907, durch die deutsche Patentschrift 85 368, durch die Zeitschriften „Dyer and Calico Printer" vom 10. Januar 1908, Seite 9, vorveröffentlicht sei, daß der Anmeldungsgegenstand ferner durch die Patentanmeldung R 25 210 VII/8b vorweggenommen sei, nach welcher auf Geweben haltbarer Seidenglanz durch Pressen bei hoher Temperatur, gegebenenfalls unter Verwendung von Dampf, also starker Feuchtigkeit erzeugt werde, und daß ein gewerblicher Vorteil des Anmeldungsgegenstandes nicht vorhanden sei, weil es praktisch nicht möglich sei, nach dem angemeldeten Verfahren Gewebe in nur einem einzigen Durchgange völlig zu trocknen. Schließlich bemängelt der Einsprechende noch die Fassung des Patentanspruchs, in ihm komme nicht bestimmt zum Ausdruck, daß allein das Durchnässen der Ware die neue Erfindung darstelle. Er stellt den Eventualantrag, für den Fall einer etwaigen Patenterteilung das angemeldete Verfahren auf die eigentliche Gaufrage, d. h. das Einprägen sichtbarer Formen zu beschränken; zuvor müsse jedoch der Anmelder den Nachweis der behaupteten Wirkung des angemeldeten Verfahrens erbringen.

Der Anmelder hat auf Grund der Einsprüche die Unterlagen der Anmeldung (Einleitung der Beschreibung und Eingang der Patentansprüche) in der aus der Anlage ersichtlichen Weise beschränkt. Aus der neuen Fassung ist ersichtlich, daß der Anmeldungsgegenstand nicht mehr allgemein ein Verfahren zum Gaufrieren von Geweben aller Art, sondern ein Verfahren zur Herstellung haltbaren Seidenglanzes auf nicht florartigen Geweben betrifft, und daß die Erfindung darin gesehen wird, daß die so auszurüstenden Gewebe vollständig durchnäßt zwischen die Gaufrierwerkzeuge gebracht und in einem einzigen Durchgange durch Druck und Hitze gepreßt und völlig getrocknet werden. In dem neuen Verfahren finden sich danach zwei Merkmale vereinigt, nämlich das vollständige Durchnässen der Ware, das noch im Augenblick des Pressens vorhanden sein muß, und eine nur einmalige, zum Pressen und völligen Trocknen der Ware ausreichende Gaufrage. Der Anmelder löst die Aufgabe, die Fasern des Gewebes in der gegebenen Form der verwendeten Seidenglanzmusterung zu erhalten, insbesondere dadurch, daß er die Fasern durch Sättigung mit Flüssigkeit erweicht und sie hierdurch so plastisch macht, daß sie sich leicht in die feinen Vertiefungen des Musterteils hineinlegen. Um diese Lage dauernd zu fixieren, wird die Gaufrage in dem Augenblick vorgenommen, in welchem die Gestaltbarkeit der Fasern voll vorhanden ist. Mustergeben, Pressen und völliges Trocknen werden also gleichzeitig bewirkt. Ein solches Verfahren zeigt keine der Entgegenhaltungen sämtlicher Einsprüche.

Die Veröffentlichungen zeigen entweder überhaupt keine Gaufrage (Depièrre, Grothe, Österr. Wollen- und Leinen-Industrie 1899, brit. Patentschrift 16 746 vom Jahre 1897, 25 703 vom Jahre 1899) oder eine gänzliche abweichende Art der Fixierung, z. B. mittels kalten Wassers (brit. Patentschrift 5498 vom Jahre 1907 und Zeitschrift Dyer & Calico Printer) oder überhaupt keine Fixierung (deutsche Patentschrift 85 368).

Ein dem Anmeldungsgegenstande ähnlich kommendes Verfahren zeigt nur die deutsche Patentschrift 182 937. Sie behandelt ebenfalls das Kalandrieren von Geweben mit geriffelten Walzen unter Anwendung von Feuchtigkeit. Die Feuchtigkeit wird aber dort dem Gewebe durch eine in Wasser laufende Walze zugeführt, die mit einem angepreßten Tuch abgewischt wird, bevor die Walze an das Gewebe tritt. Eine so geringe Anfeuchtung reicht nicht aus, die Aufgabe, die sich der Anmelder gestellt hat, zu lösen. Die Zeitschrift „Österr. Wollen- und Leinen-Industrie" Nr. 4 vom 16. Februar 1910 ist erst nach dem Tage der Einreichung der strittigen Patentanmeldung veröffentlicht. Sie weist lediglich auf die Schwierigkeit des angemeldeten Verfahrens hin, bringt aber kein entgegenstehendes Material.

Was die entgegengehaltenen Voranmeldungen anlangt, so beziehen sie sich auf eine andere Art der Erzeugung haltbaren Seidenglanzes. Danach soll ein vorher erzeugter Hochglanz durch Anwendung hoher Hitzegrade in seinem Glanz zum Teil gemindert und gleichzeitig fixiert werden. Dieses Verfahren ist ein anderes als das hier angemeldete; das Mittel des vollständigen Durchnässens fehlt nämlich. Daß aber dort zur Herstellung des Hochglanzes vorher ein Durchnässen der Ware vorgenommen wird, hat mit dem Fixieren beim Anmeldungsgegenstande nichts zu tun. Ein etwaiges Anfeuchten mit Dampf (vgl. Einspruch c) genügt ebenfalls nicht, um ein vollständiges Durchnässen herbeizuführen. Die von der Firma Rübenkamp & Co. behauptete offenkundige Vorbenutzung weiter bezieht sich, wie die Zeugenvernehmung ergeben hat, auf die Zurichtung von Mohairplüschen, also nur auf

Florware, die gemäß der neuen Bezeichnung des Anmeldungsgegenstandes ausdrücklich ausgeschlossen sein soll, und die Erzielung von Glanz war nicht die Absicht jenes vorbenutzten Verfahrens. Das Befeuchten geschah durch eine Feuchtwalze oder durch reichliches Besprengen mit Wasser. Ein vollständiges Durchnässen der Ware konnte nicht eintreten, da der dichte Flor der Ware dem hinderlich war. Diese Vorbenutzung kann daher nicht dem Anmeldungsgegenstande neuheitsschädlich sein, noch weniger das Befeuchten der Florgewebe durch einen Tabakzerstäuber, weil durch ein vor dem Gaufrieren bewirktes Zerstäuben der im Laufen befindlichen Ware ein vollständiges Durchnässen im Sinne des Anmeldungsgegenstandes weder bezweckt, noch auch erzielt werden kann.

Die Verwendung hohen Walzendrucks, wie sie von Gebr. Großmann behauptet ist und durch ein Katalogblatt bewiesen werden soll, erschöpft das Wesen des Anmeldungsgegenstandes nicht. Es erübrigt sich daher, auf die Zeit der Ausgabe und die Art der Verbreitung des Katalogblattes einzugehen. Der offenkundigen Vorbenutzung des bezüglich der deutschen Patentschrift 182 937 Behaupteten braucht nicht nachgegangen zu werden, weil gemäß der späteren Erklärung der Einsprechenden, Firma Gebr. Großmann, die Vorbenutzung sich im Rahmen des in der genannten Patentschrift Angegebenen bewegt hat, die veröffentlichte Patentschrift aber gemäß obigem nichts Neuheitsschädliches bietet.

Für die von der Einsprechenden, Firma Budde & Co., behauptete offenkundige Vorbenützung eines Verfahrens, nach welchem die Ware vor der weiteren Bearbeitung eingesprengt wird, ist kein Beweismittel angegeben. Diese Behauptung ist daher unbeachtlich; doch ist zu bemerken, daß das Einsprengen der Ware nicht dem charakteristischen Merkmal des Anmeldungsgegenstanstandes dem vollständigen Durchnässen der Ware gleichzustellen ist.

Den Beanstandungen der Fassung des Patentanspruches ist insoweit Rechnung getragen worden, als sie sich auf dessen Titel beziehen. Dagegen lag kein Anlaß vor, den die Kennzeichen enthaltenden Teil des Anspruches zu ändern, weil diese durchaus klar sind. Insbesondere bedurfte der Ausduck „durchnäßt“ (Einspruch Gebr. Großmann) keiner Änderung; die Beschreibung, insbesondere die neue Einleitung der Beschreibung, erläutert diesen Ausdruck völlig sachgemäß. Die Worte „hochgesteigerter Hitzegrade“ (Einspruch von Gebr. Großmann) noch in den Patentanspruch einzuschieben, erschien überflüssig, da das ganze Verfahren, nach welchem ein völliges Trocknen einer vollständig durchnäßten Ware bei nur einmaligem Walzendurchgang erreicht werden soll, sehr hohe Temperaturen der trocknenden Preßwalzen ohne weiteres voraussetzt. Daß das Durchnässen nicht das einzige neue Kennzeichen bilden soll (Einspruch Düring), ist oben auseinandergesetzt worden.

Schließlich erscheint die von der Anmelderin behauptete neue technische Wirkung des angemeldeten Verfahrens glaubhaft. Durch Wahl geeigneten Druckes, geeigneter Hitzegrade und geeigneter Geschwindigkeit wird es möglich sein, das beabsichtigte völlige Trocknen der vorher vollständig durchnäßten Ware in dem einen Walzendurchgang herbeizuführen. Der Gefahr einer Abkühlung der Preßwalzen (Einspruch Dominik) kann dabei durch entsprechendes Heizen ohne weiteres begegnet werden. Es konnte daher von einer Vorführung abgesehen werden.

Die Einsprüche vermochten somit nicht die Versagung des Patentes für die vorliegende Anmeldung herbeizuführen. Das Patent war vielmehr mit den angegebenen Änderungen der Unterlagen zu erteilen.

Das Patent von Aderholdt ist im Besitze der Firma Joh. Kleinewefers Söhne in Krefeld. Es kommt in Betracht, wenn die Ware in vollständig durchnäßtem Zustande den Gaufrierwerkzeugen, d. i. dem Riffelkalander, unterworfen wird und die Ware dann bei einer Passage trocken herauskommt.

Ein verbessertes Verfahren, um Garne, Gewebe u. dgl. einen Glanz zu verleihen.

Engl. Patent Nr. 20 645 A. D. 1909 vom 9. IX. 1909 von Arthur James Palmer, 15 Lever Street, London E. C.

Es ist allgemein bekannt, daß man einen starken und ziemlich dauerhaften Glanz durch starken Druck bei hoher Temperatur auf feuchten Garnen und Geweben erlangen kann. Die Feuchtigkeit dient in diesem Falle dazu, die Fäden beim Erhitzen plastischer zu machen.

Die vorliegende Erfindung ermöglicht es, diesen Glanz bedeutend zu verstärken und gleichzeitig praktisch gegen die Einwirkung von kaltem und selbst von heißem Dampf beständig zu machen, indem wie nachstehend gearbeitet wird:

Das Material passiert in völlig nassem Zustande stark erhitzte Walzen, mit einer derartigen Geschwindigkeit (30—40 m per Minute), daß es trotz des starken Drucks und der hohen Temperatur noch naß herauskommt. Das Wasser dient in diesem Falle insofern als Schutzmittel, als es die Wirkung der Hitze auf die Oberfläche mildert und das Innere des Materials vor Zerstörung schützt. In dieser Weise wird der Oberflächenglanz nur an der

Berührungsfläche von Material und Walze hervorgerufen. Gleichzeitig zerstört der durch das Pressen des Materials entwickelte Dampf in einer Operation den Grund- und unbeständigen Glanz, ohne daß hierzu erst ein nachfolgendes Anfeuchten nötig wäre.

Um das Material bzw. das Gewebe mit einem bleibenden Glanz auf beiden Seiten zu versehen, wird es auf zwei Kalandermaschinen partienweise nacheinander geführt. Hierbei befindet sich die Stahlwalze des einen Kalanders unterhalb und diejenige des anderen Kalanders oberhalb der Ware. An Stelle der einfachen Pressung bzw. Kalanders kann dieser mit Friktionskalander kombiniert werden, oder auch, indem man Kalander benützt, die eine verschiedene Geschwindigkeit der beiden Walzen aufweisen und die schräge zueinander gestellt sind. Es können beliebige Walzen, polierte, gravierte usw. benutzt werden.

Das Verfahren kann sowohl für mercerisierte als auch für nichtmercerisierte Gewebe Verwendung finden.

Patentanspruch: Ein verbessertes Verfahren, um Garnen, Geweben und dergl. einen dauerhalten Glanz zu verleihen, indem auf angefeuchtetes Material ein starker Druck bei hoher Temperatur ausgeübt wird, dadurch gekennzeichnet, daß das Material in völlig nassem Zustande durch stark erhitzte Walzen geführt wird und zwar mit einer derartigen Geschwindigkeit, daß es letztere noch naß verläßt.

Das gleiche Verfahren ist in Amerika unter dem Namen Dr. L. Schreiner, Barmen, angemeldet worden, sodaß wohl angenommen werden kann, daß dieser der Erfinder ist.

Soweit die Information reicht, ist das Patent auch in Deutschland eingereicht worden, aber bisher ist dasselbe nicht zum Auslegen gelangt.

An sich hat das Verfahren sehr viel Ähnlichkeit mit dem Aderholdt'schen Verfahren und kommt beim Permanent-Finish nur in Frage, wenn die Ware, wie auch dort, in völlig durchnäßtem Zustande dem Kalandrierungsprozeß unterworfen wird.

Die Beschreibung ist indessen so unklar, daß an Hand dieser überhaupt schwer zu beurteilen ist, was eigentlich patentiert werden sollte. (Siehe auch die Ausführungen auf Seite 153.) Aber da zweifellos die Firma Bemberg nach diesem Verfahren als erste den neuen Permanent-Finish herstellte, so muß angenommen werden, daß das Patent nur einen Teil der Herstellungsweise deckt. Wahrscheinlich soll die Ware beim Passieren des Friktionskalanders noch feucht herauskommen und so feucht den heißen Riffelkalander passieren.

Weitere Patente in gleicher Richtung sind:

Verfahren zum Kalandern von Geweben.

D.R.P. Nr. 182 937 vom 14. VI. 1906
von Akt.-Ges. Rothes Meer in Dornach b. Mülhausen i. Els.

Bis jetzt hat man die zum Kalandern bestimmte Ware mit Wasser oder mit einer geeigneten Flüssigkeit oder Lösung zuerst angefeuchtet und erst nachher durch den Kalander gezogen. Durch dieses Verfahren erzielt man zwar einen bedeutend höheren Glanz als beim Behandeln mit trockener Ware, dieser Glanz ist aber ein sogenannter Speckglanz und wirkt noch dabei schädlich auf die Farben. Durch das neue Verfahren soll hingegen die Ware einen schönen Seidenglanz bekommen, und bei gefärbter Ware, namentlich bei Schwarz, wird die Farbe tiefer und schöner, was bei dem gewöhnlichen bisherigen Verfahren nicht der Fall ist.

Das Verfahren besteht darin, daß statt des Gewebes die elastischen, also Papier-, Faser-, Baumwoll- oder Holzwalzen des Kalanders mit reinem Wasser oder mit einer geeigneten Flüssigkeit oder Lösung während des Arbeitens fortwährend angefeuchtet werden.

Wenn man die Papierwalze in einem Riffelkalander während des Arbeitens immer feucht hält und die Ware in trockenem Zustande durchzieht, so erhält man einen weit schöneren Glanz, als wenn man in umgekehrter Weise verfährt, d. h. die Ware feucht und die Papierwalze trocken hält.

Die Papier-, Faser-, Baumwoll- oder Holzwalzen können durch irgend eine Vorrichtung während des Arbeitens feucht erhalten werden, z. B.

a) durch ein endloses Tuch, welches sich an die betreffenden Walzen anlehnt, nachdem dasselbe durch Wasser gezogen und ausgequetscht worden ist;

b) durch eine Vorrichtung, welche Wasser in Staubform auf die genannten Walzen bläst;

c) durch ein mit Wasser gefülltes besonderes Gefäß, in welches der untere Teil der Walze um einige Millimeter eintaucht. Die Walze wird alsdann, wenn sie aus dem Wasser kommt, mit einem angepreßten Tuch abgewischt.

Patentanspruch: Verfahren zum Kalandern von Geweben mit geriffelten sowie mit glatten Walzen unter Anwendung von Feuchtigkeit, dadurch gekennzeichnet, daß die elastische Gegenwalze des Kalanders während des Pressens angefeuchtet wird.

Das Verfahren hat bisher keine stärkere Verwendung gefunden, aber es erscheint nicht ausgeschlossen, daß in einzelnen Fällen das Kalandern unter Zuführung von Feuchtigkeit noch Bedeutung erlangt.

Verfahren, um gaufrierten Seidenglanz und gaufrierte Dessins auf Geweben unter Benutzung wasserabstoßender Mittel haltbar zu machen.

D.R.P. Nr. 233 514 vom 18. VII. 1909
von F. A. Bernhardt in Zittau.

Es ist bekannt, daß ein mit Schreinerglanz versehenes Gewebe beim handwerksüblichen Naßbügeln oder beim Aufsprengen von Wasser seinen Glanz verliert und stumpf bzw. fleckig wird.

Man ist daher bemüht gewesen, diesem Übelstande entgegenzutreten und hat auch für diesen Zweck das Überziehen der geschreinerten Gewebe mit Lösungen von Nitrozellulose oder Zelluloid in verschiedenen Lösungsmitteln (Äther, Alkohol, Amylazetat, Amylformiat) vorgeschlagen. Diese Mittel erzeugen indessen einen mehr gläsernen, polierten und nicht den richtigen atlasartigen Seidenglanz. Auch lassen manche früher benutzten Lösungsmittel, wie Amylazetat und Amylformiat, auf dem Gewebe einen langen anhaftenden üblen Geruch zurück.

Es ist nun gelungen, die Konservierung des Schreinerglanzes auf anderem Wege zu erreichen.

Es ist bekannt, Geweben durch Fette, unlösliche Seifen, Öle, Harze, Kohlenwasserstoffe (wie Kautschuk, Guttapercha), Kohlehydrate und Eiweißsubstanzen Wasserdichtheit zu verleihen.

Aber es war nicht mit Bestimmtheit vorauszusehen, welche von diesen Mitteln zur Konservierung von gaufriertem Preßglanz

(Schreiner-Finish) oder auch gemustertem Gaufrageglanz ohne Beeinträchtigung der Marktfähigkeit der Ware geeignet sein würden.

Es wurde nun gefunden, daß eine sehr dünne Lösung von Kautschuk oder Guttapercha in Benzol unter Zusatz eines Fettes (oder Paraffin, Ceresin usw.) vorzüglich zur Konservierung eines ungetrübten bügelechten Seidenfinishs auf Geweben geeignet ist. Der damit erzielbare äußerst feine Überzug bildet nicht eine eigentliche dichte Schicht auf der Oberseite des Gewebes, sondern schützt hauptsächlich die konvexen Oberteile der Rillen, so daß sie beim Naßwerden nicht, wie bei unbehandeltem Gewebe, aufquellen, sich dadurch verschieben und zur Glanzlosigkeit führen.

An Stelle von Benzol können auch dessen Homologe, Toluol, Xylol, ebenso Tetrachlorkohlenstoff und andere treten. Ferner kann das Paraffin auch durch Bienenwachs ersetzt werden.

Ausführungsbeispiel:

Auf der durch Kalandrierung mit oder ohne Friktion oder durch Pressung anderer Art mit Speckglanz versehenen, eventuell auch nicht vorbearbeiteten, auf dem Gravurkalander mit Seiden-Finish ausgerüsteten Ware wird unter Anwendung geeigneter Mittel (Einsprengmaschine usw.) eine Lösung von Kohlenwasserstoffen, wie Kautschuk, Guttapercha (oder auch von Harzen), neben Paraffin in Benzol oder gleichwertig wirksamen flüssigen Lösungsmitteln aufgetragen. Die Konzentration der Lösungen richtet sich nach der Ware. Man verwendet z. B. eine Lösung von 30 g Kautschuk, 7 g Paraffin in 1 l Benzol.

Sollen die starren drahtförmigen Linien der Riffelung auf dem Gewebe voll erhalten bleiben, dann bedarf es eines mehrmaligen Auftragens der Lösung mit dazwischenliegendem Trocknen. Es ist jedoch von Vorteil, um dem Gewebe ein richtig seidenglitzerndes Aussehen zu erhalten, das Auftragen der Lösung so zu gestalten, daß nicht ein kompakter Überzug, welcher die Täler der Rillen ausfüllt, entsteht, sondern die Imprägnierung in der Weise zu leiten, daß bei folgendem Trocknen auf der Zylindertrockenmaschine mit wenn nötig nachherigem Dämpfen des Gewebes der Kontrast zwischen glanzreichen Firsten und zwischen diesen liegenden weniger glänzenden Zwischenräumen entsteht, welcher eben das Glitzern bewirkt.

Patentanspruch: Verfahren, um gaufrierten Seidenglanz und gaufrierte Dessins auf Geweben unter Benutzung wasserabstoßender Mittel haltbar zu machen, dadurch gekennzeichnet, daß auf das mit der Pressung versehene Gewebe eine dünne Lösung von Kautschuk, Guttapercha oder Harz einerseits neben Paraffin oder Fetten oder geeigneten fettsauren Verbindungen, andererseits in Benzol, dessen Homologen oder andere gleichartig wirksamen flüchtigen Lösungsmitteln aufgetragen und hierauf das Gewebe entweder nur getrocknet oder getrocknet und gedämpft wird.

Durch die Behandlung der geriffelten Gewebe mit Kautschuklösungen wird der Glanz gegen Feuchtigkeit widerstandsfähig, aber die Kosten dieser Präparation sind ziemlich hohe, besonders wenn berücksichtigt wird, daß der gleiche Effekt auch mit einfacheren Mitteln zu erreichen ist.

Verfahren, um künstlich hervorgebrachten Glanz auf Fasermaterial aller Art durch einen Gelatineformaldehydüberzug zu fixieren.

D.R.P. Nr. 232 568 vom 1. II. 1910
von Jos. Eck & Söhne in Düsseldorf.

Das Verfahren hat den bekannten Endzweck, Preßeffekte (z. B. Seidenpreßglanz) auf den Geweben derart zu schützen, daß die Preßeffekte auch bei der Einwirkung von Feuchtigkeit und Nässe oder von Wärme, wie sie beim Pressen oder Bügeln gewöhnlich angewendet wird, unverändert erhalten bleiben

Insbesondere ist es bekannt, Seiden-Finish unter Benutzung von Klebstoffen und Koagulierungsmitteln für diese zu fixieren, so z. B. durch heiße Kalanderwalzen und gegebenenfalls noch unterstützend durch darauffolgende Einwirkung von Formaldehyd in flüssiger oder gasförmiger Form, wobei allerdings eine Glanzminderung ähnlich wie beim Dämpfen der fertigkalanderten Ware eintritt.

Ferner ist es nicht mehr neu, Seidenglanz auf Geweben mit Gelatineformaldehyd, indessen gleichfalls unter Anwendung von Hitze, zu fixieren.

Bei dem vorliegenden Verfahren dagegen wird der schützende Überzug aus einer sauer reagierenden Gelatine- (Leim-, Kasein-) formaldehydlösung gebildet, worauf die Säure des Überzuges in geeigneter Weise in der Kälte neutralisiert wird, so daß hier bei

Bildung des Schutzüberzuges selbst weder eine heiße Kalanderwalze noch auch Hitze überhaupt angewendet werden muß.

Die Gelatineformaldehydlösung wird so konzentriert wie irgend möglich hergestellt, so daß eine dicke, schwerfließende Masse entsteht. Der zu verwendende Formaldehyd wird in bekannter Weise mit einer organischen Säure merklich angesäuert. Dadurch verhindert man, daß sich die bekannte gallertartige wasserunlösliche Masse bildet, denn diese läßt sich nicht feinverteilt auf das Fasermaterial auftragen.

Die angesäuerte Gelatineformaldehydlösung läßt sich vollständig gleichmäßig und in dünner Schicht auf dem Gewebe verteilen. Der auf diese Art fein überzogene Stoff wird sofort über alkalische Dämpfe (am besten Ammoniak) gezogen, wodurch der bisher noch wasserlösliche Schutzüberzug durch Neutralisation der Säure wasserunlöslich wird.

Der Schutzüberzug kann auch nur stellenweise auf das Gewebe aufgebracht werden, wodurch der Glanz nur an den überzogenen Stellen geschützt ist, an den nicht überzogenen Stellen aber durch Dämpfen oder Auswaschen entfernt werden kann.

Patentanspruch: Verfahren, um künstlich hervorgebrachten Glanz auf Fasermaterial aller Art durch einen Gelatineformaldehydüberzug zu fixieren, dadurch gekennzeichnet, daß das Fasermaterial mit einem möglichst dickflüssigen, sauer reagierenden Gelatine-(Leim-, Kasein-)formaldehydüberzug versehen und die Säure des Überzuges in der Kälte, z. B. durch Ammoniakdämpfe neutralisiert wird.

Hier gilt das gleiche wie beim Bernhardt'schen Patent, die Kosten der Präparation sind zu hohe.

Verfahren zur Herstellung glanzreicher, bügelechter Gaufrierungen auf Gewebe.

D. A. Nr. 43 355 vom 17. I. 1910
von Dr. Franz Düring, Berlin.

Der Gegenstand vorliegender Erfindung ist die Herstellung von Gaufrierungen auf Gewebe, die dadurch gekennzeichnet sind, daß sie viel glanzreicher und gegen feuchtes Bügeln viel widerstandsfähiger sind, als die in gewöhnlicher Weise erzielten.

Um den Geweben diese Eigenschaft zu verleihen, wurde bis jetzt das vorkalanderte Gewebe mit Substanzen behandelt, die in leichtflüchtigen Lösungsmitteln, Amylazetat, Amylformiat, Benzin, Benzol usw. gelöst aufgetragen wurden. Die Anwendung dieser leichtflüchtigen Lösungsmittel erschien erforderlich, weil es eine Hauptbedingung zur Erreichung des Permanent-Finish ist, daß das Gaufrieren auf vorkalanderten Geweben erfolge, und wenn wasserlösliche Substanzen auf das vorkalanderte Gewebe aufgetragen werden, die Wirkung des Vorkalanderns mehr oder minder aufgehoben wird.

Es zeigte sich nun, daß unter den nachstehend beschriebenen Bedingungen auch wasserlösliche Verbindungen auf das vorkalanderte Gewebe aufgetragen werden können, ohne die Struktur des Vorkalanderns zu beeinträchtigen.

Man verwendet eine verhältnismäßig starke Seifenlösung, bei welcher ein Teil des Wassers durch Alkohol ersetzt wird, und trägt diese auf das vorkalanderte Gewebe bei nicht zu hoher Temperatur auf.

Als Seife kann jede beliebige Seife benützt werden, die in Wasser und Alkohol löslich ist. Die Menge der aufzutragenden Seife kann je nach Bedarf variieren. Die Menge des Alkohols richtet sich nach der Menge der aufzutragenden Seife. Um die Wirkung zu erhöhen, können der Seifenlösung sonstige in Wasser und Alkohol lösliche Fette und Harze beigefügt werden.

Die Arbeitsweise ist folgende:

Das Gewebe wird bei entsprechend hoher Temperatur vorkalandert und dann mit einer Seifenlösung unter Zusatz von Alkohol bei ca. 40° C gepflatscht. Dann passiert das Gewebe nach entsprechendem Anfeuchten oder Andämpfen den heißen Gaufrierkalander.

Das Auftragen der Fette in beschriebener Weise hat gegen das Auftragen eiweißhaltiger Substanzen, wie dies in der Patentschrift Nr. 217 679 beschrieben wurde, den Vorteil, daß ein viel glanzreicherer Finish erzielt wird, da mit Albumin nur mittlere Appreturen zu erhalten sind.

In dem D.R.P. Nr. 195 315 ist ein Verfahren beschrieben, bei welchem ebenfalls Fette und Seifen zur Erlangung glänzender Effekte benützt werden, aber bei diesem Verfahren dienen die Fette nur als Unterlage für die spätere Auftragung von Zelluloidpräparaten, während bei dem neuen Verfahren jede weitere Substanz entbehrlich ist und schon ein sehr glanzreicher Permanent-Finish erreicht wird, wenn nur die konzentrierte Lösung von Seife unter Zusatz von Alkohol auf das vorkalanderte Gewebe aufgetragen und so nochmals kalandert wird.

Daß es möglich sein wird, die Inkorporierung der Fette auf das schon vorkalanderte Gewebe ohne jede Beeinflussung der Struktur in der beschriebenen Weise herbeizuführen, war aus der Patentschrift Nr. 195 315 nicht vorauszusehen.

Die so erzielte Gaufrierung ist sehr glanzreich und widerstandsfähig gegen feuchtes Bügeln. Das Verfahren stellt sich sehr billig, und ist die Ausführung eine leichte.

Patentanspruch: Verfahren zur Herstellung glanzreicher Gaufrierungen, die widerstandsfähig gegen feuchtes Bügeln sind, darin gekennzeichnet, daß die Gewebe nach dem Vorkalandern mit Seifen- oder Fettlösungen unter Zusatz von Alkohol behandelt und dann dem Gaufrierungsprozeß oder dem Kalandern unterworfen werden.

Das Verfahren hat hiel Ähnlichkeit mit den beiden vorstehenden Patenten von F. A. Bernhardt in Zittau und Jos. Eck & Söhne in Düsseldorf, nur daß das angewandte Mittel — alkoholische Seifenlösung — billiger ist. Andererseits ist es wahrscheinlich, daß durch das Auftragen von Fetten auf das schon vorkalanderte Gewebe eine erhöhte Wirkung in Bezug auf Glanz und Widerstandsfähigkeit gegen das feuchte Bügeln zu erreichen sein wird.

Herstellung des Permanent-Finish.

Außer nach den beschriebenen Verfahren, die patentiert sind, kann der Permanent-Finish in folgender Weise hergestellt werden.

Die mercerisierten Stücke werden feucht eingesprengt und passieren bei hoher Hitze und starkem Druck den „Hall"-Kalander. In Ermangelung eines solchen kann wohl auch ein gewöhnlicher sehr starker Friktionskalander benutzt werden, aber die Ware muß dann diesen zweimal passieren und zwar in beiden Fällen sehr feucht eingesprengt bei hoher Hitze und starkem Druck.

Die so erhaltene sehr glänzende Ware wird nun befeuchtet, sei es durch Passieren eines einseitigen Foulards, dessen Auftragwalze in Wasser läuft, sei es durch Passieren eines Düsenapparates, der die Ware mit Dampf und sehr feinen Wasserstrahlen besprengt.

Die Ware passiert dann einen Permanent-Finish-Kalander wie nachstehend skizziert,

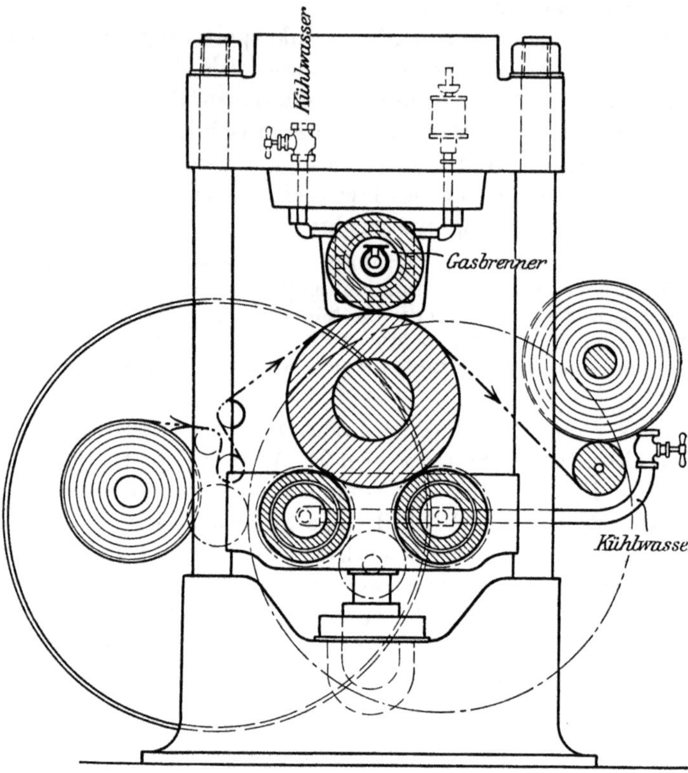

Fig. 28.

Permanent-Finish-Kalander der Firma J. P. Bemberg, A.-G., Barmen.

Mit demselben läßt sich ein Druck von ca. 150 000 kg. erzielen. Derselbe ist mit Wasserkühlung der unteren Druckwalze sowie der Lager der gravierten Stahlwalze versehen.

und zwar bei einer Temperatur von ca. 250° C. Wenn es die Qualität der Ware zuläßt, kann man die Temperatur bis auf ca. 300° C steigern.

Je höher die Temperatur beim Friktionieren und je höher sie besonders beim Riffeln ist, desto widerstandsfähiger ist auch der Permanent-Finish.

D. Sonstige Appreturen.

Die Zahl der sonstigen Appreturen ist eine ziemlich große, weil immer die eine oder andere Variante eingeschoben werden kann. Außer dem Riffelkalander und Permanent-Finishkalander kommt für viele mattere Artikel noch der gewöhnliche Kalander in Betracht und für einzelne Artikel, so beispielsweise für die Kettsatins, muß die Ware zum Schluß gebeetelt werden.

Mercerisierte Rips oder Popelins werden etwas abweichend behandelt. Die vorher gut gesengte Ware wird mittels Diastafor entschlichtet, dann mercerisiert, im Jigger gekocht und gebleicht und so gefärbt.

Nach dem Färben wird die Ware auf dem Spannrahmen getrocknet, etwas abkühlen gelassen, nachher eingesprengt und alsdann über geheizte, verzinnte feststehende Trommeln passiert. Durch das Gleiten der Ware über die heißen Zylinder kommt ihr Glanz zum Vorschein und wird auch gleichzeitig bis zu einem gewissen Grade fixiert.

Nachstehend noch einige Patente, die sich auf die Behandlung der mercerisierten Gewebe beziehen, und, wenn auch ohne wesentliche Bedeutung, so doch der Vollständigkeit halber mit aufgeführt seien:

Verfahren zur Erhöhung des Glanzes gefärbter mercerisierter Gewebe.

D.R.P. Nr. 110 029 vom 23. XII. 1898
von Carl Goedtler, Zürich.

Patentanspruch: Verfahren zur Erhöhung des Glanzes gefärbter mercerisierter Gewebe, dadurch gekennzeichnet, daß man das Gewebe nach dem Mercerisieren und Färben mit Harz oder Fetten (man nimmt das eine oder andere oder auch beide zusammen) in Äther gelöst behandelt.

Verfahren zur Herstellung eines Moiré-Seide imitierenden Gewebes.

Franz. Patent Nr. 293 983 vom 4. XI. 1899
von Gebr. Grossmann, Brombach.

Patentansprüche: 1. Verfahren zur Herstellung von Geweben, die das Aussehen von moirierter Seide besitzen, darin bestehend, daß mercerisierte Baumwollripse Gewebe auf Gewebe liegend einer starken Pressung ausgesetzt werden.

2. Als neues Erzeugnis ein Baumwollrips, der durch Mercerisieren und nachheriges Pressen von Gewebe auf Gewebe erreicht wird.

Verfahren um Gewebe wasserdicht und glänzend zu machen.

Engl. Patent Nr. 7972 A. D. 1908 vom 10. IV. 1908
von R. Hübner & J. H. Riley & Co., Ltd., Bury (Engl.).

Patentanspruch: Verfahren zum Wasserdichtmachen oder zum Imprägnieren von Geweben, darin bestehend, daß die Oberfläche des Gewebes mit Stearin behandelt und nachher dem üblichen Prozeß des Schreinerns ausgesetzt wird.

In den weiteren Patentanspsüchen wird die Methode, wie das Stearin aufgetragen werden soll, beschrieben.

Verfahren zur Erzeugung von Brokateffekten ähnlichen Mustern auf Geweben.

D.R.P. Nr. 226 521 vom 20. V. 1909
von Julius Hübner, Cheadle Hulme.

Patentanspruch: Verfahren zur Erzeugung von Brokateffekten ähnlichen farbigen Mustern auf Geweben, dadurch gekennzeichnet, daß mit Mercerisierflüssigkeiten behandelte Gewebe in nassem Zustande ohne oder nahezu ohne Streckung gaufriert oder gepreßt und entweder vor dem Pressen, gleichzeitig mit dem Pressen oder nach dem Pressen in üblicher Weise gebeizt und gefärbt werden.

Namen- und Sachregister.

Achenbach, H. Eb., Barmen 169.
A.-G. Rothes Meer, Dornach 181.
Aderholdt, Wilhelm, Köln 173, 174, 180.
— Einspruchsverfahren 174.
Adler-Finish 152, 167.
Ahnert, Karl, Barcelona und Chemnitz 37, 60.
Albumin, Auftragen von 161.
Analytische Bestimmung der Natronlauge 126.
Andernacher Textilwerk, G. m. b. H. Andernach 50.
Appretur, Brokateffekte 190.
— Hall-Finish 150.
— mercerisierter Gewebe 144.
— mittels Riffelkalander 144.
— mittels Riffelkalander nach Kirkham 147.
— mittels Riffelkalander nach Schreiner 144.
— Moiré-Appretur 189.
— Permanent-Finish siehe Permanent-Finish.
Appreturen sonstige 189.
Ashton, James & Edwin C. Kayser, Hyde 55.
Ashworth, A., Manchester 55.
Auflösen des Natronhydrats 125.
Ausführung der Mercerisation in der Praxis 87.
Auskochen der Garne 91.
Aykroyd, H. E., Ilkley 57.
— H. E. & P. Krais, Bradford 42.
— W. E., W. H. & H. E. Bradford 47.

Badische Anilin- und Sodafabrik, Ludwigshafen 41.
Baumann 62.
Beck, M., Frankfurt a. M. 54, 57.
Belger, J., Zittau 55.
Beltzer & Thiébaut 52.
Bemberg, J. P., A.-G., Barmen 36, 41, 94, 105, 111, 116, 138, 143, 153, 160, 180, 188.
Bernhardt, F. A., Zittau 36, 182.
Bestimmung des Mercerisierungsgrades nach Knecht 84.
— nach Schwalbe 86.
— nach Vieweg 83.
Binz, A. & R. Boral, Manchester 14.
Birch, Arthur, Arlington 47.
Blackburn, Francis Davies & A. Liebmann, Manchester 46
Bleichen der Garne 95.
Bolt, Thomas, Swinton 49.
Bonbon, Georges 39.
Bourcart, P., Remiremont 59.
Bradford Dyers Association, Ltd., Bradford 156.
Brassard, H. F. A., à, Bradford 59.
Bretonnière, L. 52.
Brokateffekte 190.
Brown, Edmund John, Stockport 50.
Budde, Otto & Co., Barmen 167. 175, 178.
Buffaud & Robatel 52.
Butterworth, H. W., Philadelphia 54.

Calico Printers Association Ltd., Manchester 132.
Capron, Gustave Georges, Antwerpen 42.
Cassella, Leopold & Co., G. m. b. H., Frankfurt a. M. 110.
Chemische Prüfung zur Erkennung der mercerisierten Baumwolle 79.
Chevolleau, R. E., Paris 52.
Chischin, Leib Jos., Moskau 155.
Chlorzink-Jod-Probe zur Erkennung der mercerisierten Baumwolle 80, 81.

Cipollina, Luigi, Rivarolo Ligure 52.
Clauser 66.
Cochrane, Frank, Manchester 55.
Cohnen, B., Grevenbroich 48.
Connell, Thomas Mc, Chester 50.
Copley, James Frederik, Huddersfield & Thongsbridge 57, 60.
Copley, Marshall & Heaton, Huddersfield 49.
Crépy, Soc. Eugène, Lille 38.
Crompton, W. H. & W. Horrocks, Radcliffe 51.
Croß & Bevan 71.

David, Henri, Paris 40, 47, 54, 82.
Decock, Joseph 56.
Deisler, F., Berlin 56.
Deißler, R., Treptow 144.
Denn, Walter G., Philadelphia 50.
Depoully, P. & C., Paris 7, 8.
Dietrich, G. F. & O. Seyffert, Glauchau 35.
Dolder, Jules, Grevenbroich und St. Gallen 49, 53.
Dollfus, Mieg & Co., Mülhausen i. E. 39.
Dominik, Offenbach a. M. 175, 179.
Dosne, Paul, Aglié 38.
Düring, Dr. E. A. Franz, Berlin 161, 164, 166, 176, 185.

Eck, Joseph & Söhne, Düsseldorf 148, 151, 184.
Ecob, John Roberts, Lawrence 47, 56.
Eindampfen der natronhaltigen Spülwässer 129.
— nach Krais 139.
— nach Matter 139.
— nach Petzold 139.
— nach Venter 139.
Einfluß des Garnes auf den Glanz 64, 68.
Eingehen der Baumwolle bei verschiedenen Conzentrationen der Natronlauge 88.
— — — bei verschiedenen Temperaturen 88.
Einschrumpfen der Baumwolle beim Mercerisieren 64, 65.
Einspruchsverfahren Aderholdt 174.
Entlaugen der mercerisierten Gewebe 129.
Entlaugen nach Calico Printers Association 132.
— nach Haubold 133.
— nach Krais 132, 135.
— nach Matter 136.
— nach Möller-Holtkamp 134.
— nach Scott & Co. 131.
— nach Venter 132.
— nach Wallach 133.
Erzeugung dampf- und wasserechten Seidenglanzes 160.
Erkennung der mercerisierten Baumwolle 78, 79, 80, 81.
— nach David 82.
— nach Knecht-Knaggs 82.
Esser & Scheider, Reichenberg 56.

Färben der mercerisierten Garne 95.
— der mercerisierten Gewebe 108.
Farbenfabriken vorm. Friedr. Bayer & Co., Elberfeld 37, 40.
Farbstoffaufnahme mercerisierter Baumwolle 73.
Farbwerke vorm. Meister, Lucius & Brüning, Höchst 37, 38, 39.
Faserveränderung beim Mercerisierprozeß 63.
Fischer & Rosenfelder, Reutlingen 42.
Friedrich, E. W., Chemnitz 37.
— Max, Neustadt 53.
Frings, Maurice, Paris 50.

Gadd, Ch. J., Philadelphia 55.
Gärtner, Fritz Karl, Zittau 50.
Garnier, Soc. C. & F. Voland. Lyon 8.
Garn-Mercerisation 90.
— ohne Spannung 90.
— unter Spannung 91.
Garnmercerisierungsmaschinen 46, 100.
— von Haubold 104.
— von Kleinewefers 102.
— von Niederlahnstein 100.
— von Spencer 105.
Gasieren der Garne 91.
Gassner, Hermann, Bludenz 40.
Gebauer, Fr., Berlin 114.
Gebauer, Fr. & Dr. Brandenberger, Charlottenburg 55.
Gewebe, Feuchtes Kalandern von 181.
Gewebe, Mercerisieren der 106, 107.

Gewebe, Vorbehandlung der 106.
— mit seidenen Effekten mercerisieren 109.
— mit farbigen Effekten mercerisieren 110.
Gladstone 70.
Glanzbeeinflussung durch das Garn 64, 68.
Goedtler, Carl, Zürich 189.
Görden, Heinrich, Barmen 58.
Grandage, George, Bradford 55.
Grandmougin 61.
Greenwood, John T., Philadelphia 57.
Größe der Streckkräfte 64, 66.
Gros & Bourcart, Remiremont 59.
Großmann, Gebr., Brombach 175, 178, 189.
Gruschwitz, C. A., Olbersdorf 112, 141.

Habel, Dietrich, Berlin 57.
Hahn, Paul, Niederlahnstein 46, 51, 53, 56, 58.
Hall- oder Williams-Finish 150.
Hall, Herm., Krefeld 150.
Haller 72.
Hanausek 78.
Haubold, C. G. jr., Chemnitz 52, 53, 56, 104, 112, 133.
Heberlein, E. & Co., Wattwil 41, 48, 56, 60.
Heberlein-Gebauer Stückmercerisiermaschine 114.
Heilmann & Co., Mülhausen i. E. 14.
Heisen, Friedrich, Krefeld 30.
Herbig, Prof. Dr. W., Chemnitz 61.
Herschmann, Wilh., Wien 48.
Hoelken & Co., Barmen 30.
Hoffmann, Oswald, Neugersdorf 51, 57.
Holland, Fred St. & John James Jackson, Birch Vale 48.
Holt, Thomas Ltd., Rochdale 117.
Hope, James Roland, Philadelphia 48.
Hope, J. R., W. Th. Galey & Th. McConnell, Philadelphia 48.
Hübner, J. 76, 81, 85.
Hübner, Julius, Cheadle Hulme 190.
Hübner, W. Mathes & Pope, Manchester 45, 59, 62, 63, 72, 73, 148.
Hübner, R. & J. H. Riley & Co., Ltd., Bury 190.

Jackson & Brother, Bolton 107.
Jackson, Ch. L. & E. W. Hunt, Bolton 56.
Jahr, Moritz, G. m. b. H., Gera-R. 116.
Jeanmaire, Paul, Mülhausen i.E., 55.
Jod-Jodkalium-Probe zur Erkennung der mercerisierten Baumwolle 81.
Johnson, Frank Coit, New York 51.
Jstomin, Nicolas, Moskau 48.

Kalander für Permanent-Finish 188.
— zum Riffeln 149.
— mit Schrägstellung 150.
Kalandrieren von Geweben, feuchtes 181.
— unter Zuführung von Feuchtigkeit 181.
Kardenband, Patente über das Mercerisieren von 59.
Kearns, Henry Ward, Manchester 43.
Keller-Dorian, Albert, Mülhausen 148.
Kershaw & Seeley, Rochdale 57.
Kestner, Paul, Berlin 94.
Ketten, Mercerisieren von 57.
Ketten-Mercerisierungsmaschinen 117.
Keukelaere, Gustave de, Brüssel 45,
Kirkham, Georg William Chambers, Cecil Villas 147.
Klauder, J. H. A., Philadelphia 56.
Klein, Fr. W., Düsseldorf 43.
Kleinewefers, Joh. Söhne, Krefeld 29, 46, 53, 60, 102, 103, 149, 150, 179.
Knaggs 82.
Knecht, E., 63, 74, 82, 84.
Knecht-Knaggs 82.
Kohl, Max, Chemnitz 53.
Kopp, O. & E. Usuelli, Andernach 50.
Krachendmachen der mercerisierten Garne 98.
Krais, Dr. Paul, Tübingen 130, 132, 135, 139, 140, 158.
Krepp-Artikel 8.
Krissmanech, H. & F. Auderieth, Wien 48.
Kruse, Emil, Barmen 52, 55.
Kunow, A., Berlin 50.
Kurrer 4.

Lange H. 78, 80.
Laugenzusätze beim Mercerisieren 75.
Leykauf, Prof. Nürnberg 4.
Liebmann, Dr. A., Manchester 36.
Lilienfeld, Dr. Leon, Wien 159, 160, 161.
Lohe, R., Sonnborn 51.
Lose Baumwolle, Patente über das Mercerisieren von 59.
Lowe, Horace Arthur, Heaton Moor, 14, 29.
Lunge 119, 122.

Macconel, William Jr., Redholm 50.
Marshall, Percey Sykes, Huddersfield 49.
Martin, Albert, Stollberg 58.
Massot, W. 78.
Mather & Platt Ltd., Manchester 115, 132.
Matter, Julius, Laaken 130, 136, 139, 143.
McConnell, Thomas, Chester 50.
Mercer, John 3, 4, 70.
Mercers Erfindung 3.
Mercerisieren in der Praxis 87.
Mercerisieren der Garne 90.
— der Garne ohne Spannung 90.
— der Garne unter Spannung 91.
— der Gewebe 106, 107.
— von Gewebe mit seidenen Effekten 109.
— von Gewebe mit farbigen Effekten 110.
— von Kardenband 59.
— von Ketten 57, 117.
— von loser Baumwolle 59.
— von Wirkwaren 58.
— in gestrecktem Zustande 14.
— nach Thomas & Prevost 18.
Mercerisierprozeß ein chemischer oder physikalischer Vorgang 69.
Mercerisierverfahren (Abänderungen der Zusätze und Arbeitsweise) 35.
Metaxin-Tapeten 160.
Meyer frères, Soc., Paris 40.
Mikroskopische Prüfung zur Erkennung der mercerisierten Garne 78.
Miller, Archibald Russell, Cambuslang 49.
—, George W., Woonsocket 48.
Miller, 0, 71, 73, 75, 85.
Minajeff 72, 73.
Möller - Holtkamp, Friedrich, M. Gladbach 134.
—, Dr. Walther, Eitorf 134.
Moiré-Appretur 189.
Mommer, Ferd. & Co., Barmen 40, 58, 144.
Morgan & Menzies, Wilkes-Barré 51.
Müller, Dr. Emil, Berlin 161.
—, Herm. Robert, Limbach 58.

Nasmith, J. W., Manchester 52.
Natronhydrat, Auflösen 125.
Natronlauge, analytische Bestimmung 126.
— -Behandlung der Garne 92.
— -Eigenschaften 118.
— -Gehaltstabelle 119.
— -Herstellung im Eigenbetriebe 121.
— -Rückgewinnung beim Mercerisieren 94, 118, 129.
— -Rückgewinnungs-Anlage, System Gruschwitz 141.
— — System Krais 140.
— — System Matter 143.
— -Verunreinigung 123.
— Wirkung auf Baumwolle in physikalischer wie chemischer Beziehung 61.
Nelson, James, Blackpool 52.
Netzen der Garne 91.
Neuhoff, Walter 49.
Nichtigkeitserklärung der Patente von Thomas & Prevost 25.
Niederlahnsteiner Maschinenfabrik, G. m. b. H., Niederlahnstein 100, 125.

Ost 61, 72.

Palmer, Arthur James, London EC 179.
Palmer, J. E., Middletown 52.
Pannes, Jos. & Co., Krefeld 29.
Patente vom Jahre 1896—1911 35.
—, die sich auf eine Abänderung des Mercerisierverfahrens beziehen 35.
— über Garnmercerisierungsmaschinen 46.
— über Stückmercerisierungsmaschinen 54.

Patente über Mercerisieren von Ketten 57.
— — — von Wirkwaren 58.
— — — von loser Baumwolle und Kardenband 59.
Patentrechtliches über die Thomas & Prevost'schen Patente 25.
Permanentfinish 152, 187.
— nach Aderholdt 173, 180.
— — Bernhardt 182.
— — Bradford Dyers Association (Nitrozellulose) 156.
— — Chischin (Nitrozellulose) 155
— — Düring (Albumin) 161, 164, 166.
— — Düring (alkoholische Seife) 185.
— — Eck 184.
— — Krais (Nitrozellulose) 158.
— — Palmer 179.
— — Rothes Meer 181.
— — Rumpf 167, 170, 172.
— — Sharp 154.
— neuerer Herstellung 167.
Permanentfinish-Kalander 188.
Petzold, Max, Zittau 132, 135, 139.
Pickles, Thomas & John Pickles, Burnley 56.
Pinel, Auguste & Henry 39.
Porges, Brüder, Prag 6.
Pratt, Tom, Shipley 52.
Price, Ernest, Macclesfield 50.
Prüfung, chemische, zur Erkennung der mercerisierten Baumwolle 79.
—, mikroskopische 78.
— mit Chlorzinkjod 80, 81.
— mit Jod-Jodkalium-Probe 81.

Radium-Finish 152, 167.
Reaktionen zur Erkennung der mercerisierten Baumwolle 78, 79, 80, 81.
Reichenbach, Chr. O., Dresden 59.
Reichmann, A. & K. A. Lagerqvist, Varberg 43.
— F. A., Varberg 57.
Reichsgerichtsentscheidung über die Thomas & Prevost'schen Patente 32.
Remsen, George W., Wilkes-Barré 50.
Riffelkalander, Appretur mittels 144.
Riffelkalander nach Kirkham 147.
— — nach Kleinewefers 149.
— — nach Schreiner 144.
Riley, J. H. & Co. Ltd., Bury 117.
Ritter, Reinhold, Seiferitz 52.
Robson, John H., Huddersfield 60.
Römer, A. & E. Hölken, Barmen 47.
Römer, Albert, Olberdollendorf 51.
Roß & Schneider, Glasgow 50.
Rübenkamp & Co., G. m. b. H., Krefeld 175, 177.
Rückgewinnung der Natronlauge 94, 129.
Rückgewinnungsanlage System Gruschwitz 141.
— — Krais 140.
— — Matter 143.
Rumpf, Carl, Elberfeld und Berlin 167, 170, 172.

Salzzusätze zur Mercerisierlauge 75.
Sarfert, M., Philadelphia 58.
Schaeffler, Eusebius, Aue 44.
Schelling, Edmund 53.
Scheulen, F. W., Unter-Barmen 36.
Schiefner Th. C., Dresden 59.
Schiefner, Th. Eugen, Wien 47.
Schiefner, Th. H. & Getzner, Mutter & Co., 48.
Schlösser, A. & Sohn, Elberfeld 29.
Schmidt, A., Berlin 56.
Schmidt, Paul & E. Price, Macclesfield 52.
Schmitt, J., Danjoutin 59.
Schneider, Joseph, Hrdly-Theresienstadt 37, 47.
Schrägstellung, Kalander mit 150.
Schreiner, Dr. L., Barmen-R. 49, 144, 180.
Schrumpfung beim Mercerisierprozeß 64, 65.
Schubert, Herm., Zittau 45.
Schütze, Max, Berlin 41.
Schulze, C. A. M., Crimmitschau 55.
Schwabe, S. & Co., Ltd., Manchester 14, 55.
Schwalbe, K. G. 61, 71, 86.
Scott, Ernest & Co., London 130, 131.
Sharp, Milton, Sheridan, Heckmondwike 154.
Shuman, F. & C., Philadelphia 51.
Shuman, Frank, Philadelphia 52.

Simon, Ernest, Villefranche 55.
Simons, Fritz 56.
Smith & Drum, Philadelphia 52.
Soc. An. des Blanchiments, Teinture et Impression, Paris 38.
Soc. An. de Blanchiment, Teinture, Impression et Apprêt de St. Julien 54.
Société Eugène Crépy, Lille 38.
Société C. Garnier & Francisque Voland, Lyon 8.
Société F. Vanoutryve & Co., Roubaix 39.
Solvay & Co. 122.
Spannung beim Mercerisieren der Garne 90, 91.
Spencer, Joseph, Lord & George Spencer, Lord, Whitefield 49.
Spencer & Sons, Manchester 105.
Spenle, John, Salford 56.
Steiner, Eduard, Danjoutin 60.
Stelter, Francis, C. W., New-York 50.
Streckkräfte, Größe der 64, 66.
Stückmercerisiermaschinen 54, 111,
— von Bemberg 111, 116,
— — Gebauer 114.
— — Gruschwitz 112.
— — Haubold 112.
— — Mather & Platt 115.
— nach Patent Tagliani 116.
— von Zittauer Maschinenfabrik 113.
Subrenat, Raoul, St. Julien 55.

Tagliani, Giovanni Mailand 38, 116.
Temperatur beim Mercerisieren 88.
Thiele, Edmund 70.
Thomas & Prevost, Krefeld 18, 21, 25, 36, 42, 46, 54, 57.

Vanoutryve, Soc. F. & Co., Roubaix 39.
Venter, Otto, Chemnitz 132, 138.
Veränderung der Faser beim Mercerisierprozeß 63.
Verfahren zur Herstellung glänzender Effekte von Dr. Lilienfeld 160.
— zur Erzeugung dampf- und wasserechten Seidenglanzes 160.
— zum Auftragen von Albumin 161.
Verunreinigung der Natronlauge 123.
Vieweg, Dr. Walther, Groß-Auheim 45, 62, 70, 75, 83.
Voland, Francisque, Lyon 8.
Vorbehandlung der Gewebe 106.

Wallach, Leo, Mülhausen 133.
Wansleben, Gebr., Krefeld 105.
Wegscheider 66.
Weichelt, Charles L., Philadelphia 50.
Weichelt & Johnes, Philadelphia 48.
Weisbach, C. H., Chemnitz 116.
Weldon, Leonard, Amsterdam 50.
Westhoff 72.
Wichelhaus 70.
Wilde, Julius, Berlin 41.
Williams-Finish 150.
Wirkung der Natronlauge auf Baumwolle in physikalischer wie chemischer Beziehung 61.
Wirkwaren, Patente über das Mercerisieren von 58.
Wolf, Gebr., Naundorf 57.
Wolf, Paul Phil., Röhrsdorf 58.
Wünschmann, Max, Chemnitz 58.
Württemb. Kattunmanufaktur, Heidenheim 14.

Yates, William P., Bradford 52.

Zinn & Hackenberg, Barmen 30.
Zittauer Maschinenfabrik und Eisengießerei, A.-G., Zittau 105, 113, 135, 140.
Zusätze zur Mercerisierlauge 75.

GPSR Compliance

The European Union's (EU) General Product Safety Regulation (GPSR) is a set of rules that requires consumer products to be safe and our obligations to ensure this.

If you have any concerns about our products, you can contact us on ProductSafety@springernature.com

In case Publisher is established outside the EU, the EU authorized representative is:

Springer Nature Customer Service Center GmbH
Europaplatz 3
69115 Heidelberg, Germany

Batch number: 10682439

Printed by Printforce, the Netherlands